高等院校装备制造大类专业系列教材

工业机器人工作站系统集成

乔阳 鲍婕 王莹 鲍敏 主编

U0289896

清华大学出版社

北京

内 容 简 介

本书以智能控制技术应用为核心,从工业机器人的典型行业应用——搬运、码垛、弧焊、点焊、喷涂、上下料与自动化生产线等应用系统出发,涉及多品牌机器人包括安川、ABB、国产品牌新松等。全书共7章,章节内容中包含知识目标、能力目标和素质目标,通过项目式教学,介绍每一种机器人的特点,以及工作站的工作任务、组成、工作过程、设计(包括选型、外围系统的构建、接口技术)、参数配置等。

本书既可作为高等院校工业机器人技术、电气自动化技术等相关专业的教材或企业培训用书,也可供从事工业机器人系统开发的工程技术人员参考。

图书在版编目(CIP)数据

工业机器人工作站系统集成/乔阳等主编.—北京:清华大学出版社,2023.8
高等院校装备制造大类专业系列教材
ISBN 978-7-302-63800-1

Ⅰ.①工… Ⅱ.①乔… Ⅲ.①工业机器人-工作站-系统集成技术-高等职业教育-教材
Ⅳ.①TP242.2

中国国家版本馆 CIP 数据核字(2023)第 105795 号

责任编辑:王剑乔
封面设计:刘 键
责任校对:袁 芳
责任印制:曹婉颖

出版发行:清华大学出版社
   网 址:http://www.tup.com.cn,http://www.wqbook.com
   地 址:北京清华大学学研大厦 A 座   邮 编:100084
   社 总 机:010-83470000   邮 购:010-62786544
   投稿与读者服务:010-62776969,c-service@tup.tsinghua.edu.cn
   质量反馈:010-62772015,zhiliang@tup.tsinghua.edu.cn
   课件下载:http://www.tup.com.cn,010-83470410
印 装 者:三河市人民印务有限公司
经 销:全国新华书店
开 本:185mm×260mm   印 张:16.5   字 数:396千字
版 次:2023 年 8 月第 1 版   印 次:2023 年 8 月第 1 次印刷
定 价:49.00 元

产品编号:084961-01

习近平总书记在党的二十大报告中指出：教育、科技、人才是全面建设社会主义现代化国家的基础性、战略性支撑。必须坚持科技是第一生产力、人才是第一资源、创新是第一动力，深入实施科教兴国战略、人才强国战略、创新驱动发展战略，这三大战略共同服务于创新型国家的建设。

制造业是立国之本、兴国之器、强国之基，工业机器人作为智能制造的重要载体，是助推制造业智能化升级的核心，被誉为"制造业皇冠顶端的明珠"。随着工业机器人技术的发展及其应用的不断扩大，我国已经成为全球第二大工业机器人应用市场。以工业机器人为代表的智能制造推动着各国经济发展的进程。

近年来，随着工厂自动化程度的提高，我国工业机器人市场正步入快速发展阶段。在新一轮科技革命和产业变革的浪潮下，新一代人工智能带动着智能制造产业飞速发展，对人才提出了新挑战、新要求。目前我国从事机器人及智能制造行业的相关企业有上万家，但相应的人才储备在结构、数量和质量上都捉襟见肘，因此加强人才队伍建设迫在眉睫，这不仅关系到我国工业智能化进程，也关系到全球工业机器人产业的发展。

工业机器人发展至今已相当成熟，应用非常广泛，但现代工业机器人本身仅仅是运动机构，并无具体执行机构，孤立的一台机器人在生产中没有任何应用价值，必须给工业机器人配备与之相适应的辅助机械装置等周边设备，进行系统集成后才能成为实用的加工设备，完成生产任务。

本书依据上述背景，针对工业机器人产业发展对人才培养的要求，对工业机器人系统集成的基础知识和设计方法等进行梳理，以工业机器人搬运工作站、码垛工作站、弧焊工作站、点焊工作站、喷涂工作站、上下料与自动化生产线工作站为载体，详细介绍了工业机器人工作站的组成、工作过程、设计方法及参数配置。

本书由黑龙江职业学院乔阳、鲍婕、王莹、鲍敏担任主编。其中，第3章和第4章由乔阳编写；第1章和第7章由鲍婕编写；第2章由王莹编写；第5章和第6章由鲍敏编写。

　　教师可以通过本书完善教学过程,学生也可以通过本书进行自主学习。建议教师用60学时对本书进行讲解。

　　在本书编写过程中,参阅了国内外相关资料,在此向原作者表示衷心的感谢!

　　由于编者水平有限,书中如有不足之处,恳请广大读者批评、指正。

编　者

2023年5月

CONTENTS

本书配套教学课件、
教案和习题答案

第1章

工业机器人及工作站概述

知识目标

1. 了解工业机器人的定义和基本组成。

2. 了解工业机器人的分类和典型应用。

能力目标

1. 能区分工业机器人典型工作站。

2. 能区分工业机器人典型生产线。

素质目标

培养学生的安全操作意识。

工业机器
人概述

1.1　工业机器人认知

1.1.1　工业机器人的定义及发展

robot(机器人)这个词源自 1920 年捷克剧作家 K.凯比克发表的科幻戏剧《罗萨姆的万能机器人》(*Rossum's Universat Robots*),robot 就是"机器人",是作家根据捷克语 robota(苦工、奴役)创造出来的。现在 robot 已被人们作为机器人的专用名词。

1954 年乔治·德沃尔设计了第一台可编程机器人,如图 1-1-1 所示,于 1961 年获得美国专利。该专利的要点是借助伺服技术控制机器人的关节,利用人手对机器人进行动作示教,机器人能实现动作的记录和再现。这就是所谓的示教再现机器人。现有的机器人大都采用这种控制方式。

机器人产品最早的实用机型(示教再现)是 1962 年美国 AMF 公司推出的 VERSTRAN 和 UNIMATION 公司推出的 UNIMATE。这些工业机器人的控制方式与数控机床大致相似,但外形特征迥异,主要由类似人的手和臂组成,在美国通用汽车公司投入使用,标志着第一代机器人的诞生,如图 1-1-2 所示。

1965 年,麻省理工学院(MIT)演示了第一个具有视觉传感器、能识别与定位简单积木的机器人系统。

图 1-1-1　第一台可编程机器人

图 1-1-2　第一代机器人

1973 年,辛辛那提·米拉克隆公司的理查德·豪恩制造了第一台由小型计算机控制的工业机器人,它是液压驱动的,能提升的有效负载达 45kg。

随着计算机技术和人工智能技术的飞速发展,使机器人在功能和技术层次上有了很大的提高,移动机器人和机器人的视觉和触觉等技术就是典型的代表。这些技术的发展推动了机器人概念的延伸。20 世纪 80 年代,人们将具有感觉、思考、决策和动作能力的系统称为智能机器人,这是一个概括的、含义广泛的概念。这一概念不但指导了机器人技术的研究和应用,而且赋予了机器人技术向深广发展的巨大空间,水下机器人、空间机器人、空中机器人、地面机器人、微小型机器人等各种用途的机器人相继问世。

1.1.2　工业机器人的基本组成

通常来讲,一个工业机器人系统主要由工业机器人本体、控制柜、示教器、配电箱和连接电缆组成,其中连接电缆主要有电源电缆、示教器电缆、编码器电缆和动力电缆。

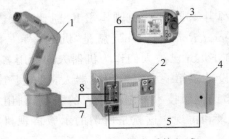
图 1-1-3　工业机器人系统组成
1—工业机器人本体;2—控制柜;3—示教器;4—配电箱;5—电源电缆;
6—示教器电缆;7—编码器电缆;8—动力电缆

1. 工业机器人本体

工业机器人本体是机器人的执行机构,它由驱动器、传动机构、手臂、关节、末端执行器以及内部传感器等组成。它的任务是精确地保证末端执行器所要求的位置、姿态并实现其运动。如图 1-1-4 所示为工业机器人本体。

2．控制柜

控制柜是机器人的大脑，它由计算机硬件、软件和一些专用电路构成，其软件包括控制系统软件、机器人运动学和动力学软件、机器人控制软件、机器人自诊断和自保护功能软件等，它处理机器人工作过程中的全部信息并控制其全部动作。如图 1-1-5 所示为机器人控制柜。

图 1-1-4　工业机器人本体　　　　　　　　　图 1-1-5　机器人控制柜

3．示教器

示教器是机器人和人的交换接口，在示教过程中控制机器人的全部动作，并将其全部信息输送到控制柜的存储器，它实质上是一个专用的智能终端。如图 1-1-6 所示是机器人的示教器。

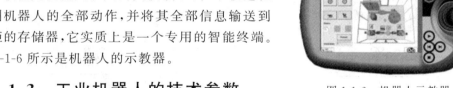

1.1.3　工业机器人的技术参数

图 1-1-6　机器人示教器

工业机器人的技术参数反映了机器人能够完成的工作，以及具有的最佳操作性能等情况，是选择设计、应用机器人所必须考虑的重要因素。工业机器人的主要参数一般包含自由度、定位精度和重复定位精度、工作范围、最大工作速度、承载能力、分辨率等。

1．自由度

自由度是指机器人所具有的独立坐标轴运动的数目，手部（末端执行器）的开合自由度不包括在内。机器人自由度表示机器人动作灵活的尺度，一般以轴的直线运动、摆动或旋转动作的数目来表示。在三维空间中描述一个物体的位置和姿态需要 6 个自由度。如图 1-1-7 所示为物体的自由度。工业机器人的自由度根据用途而定，可能小于或大于 6 个自由度。如图 1-1-8 所示为 6 自由度工业机器人。

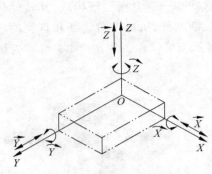

图 1-1-7　物体的自由度

图 1-1-8　6 自由度工业机器人

2. 定位精度和重复定位精度

工业机器人运动精度包括定位精度和重复定位精度。定位精度指机器人末端执行器的实际位置与目标位置之间的差异；重复定位精度是指机器人末端执行器重复于同一目标位置的精度。重复定位精度尤为重要。如图 1-1-9 所示是工业机器人定位精度和重复定位精度测试的典型情况。

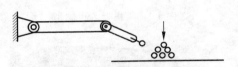

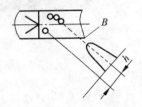

(a) 重复定位精度的测试

(b) 合理的定位精度，良好的重复定位精度

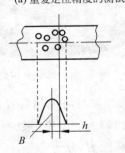

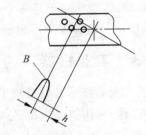

(c) 良好的定位精度，较差的重复定位精度

(d) 很差的定位精度，良好的重复定位精度

图 1-1-9　工业机器人定位精度和重复定位精度测试的典型情况

3. 工作范围

工作范围是指机器人手臂末端所能到达所有点的集合，也叫工作区域。

由于末端执行器的形状和尺寸是多种多样的，为了真实地反映机器人的特征参数，因此工作范围是指不安装末端执行器的工作区域。工作范围的大小和形状十分重要，机器人在执行某作业时可能会因为手部不能到达的作业死区而完不成任务。如图 1-1-10 所示为新松 SR6C/SR10C 机器人的工作范围。

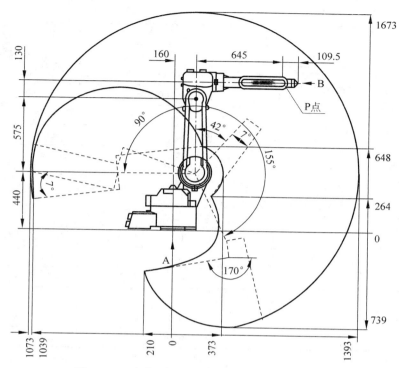

图 1-1-10 新松 SR6C/SR10C 机器人的工作范围

4．最大工作速度

最大工作速度通常指工业机器人手臂末端的最大速度，是影响生产效率的一个重要指标。很明显工作速度越高，工作效率就越高。

5．承载能力

工业机器人腕部既是连接末端执行器的部位，也是衡量机器人在运动时，尤其是最大运动速度时所具有的承载能力。承载能力不仅仅是指负载，也包括工业机器人末端执行器的质量。

6．分辨率

分辨率是指机器人每个关节所能实现的最小移动距离或最小转动角度。工业机器人的分辨率分为编程分辨率和控制分辨率两种。表 1-1-1 为新松 SR6C 和 SR10C 工业机器人的主要技术参数。

表 1-1-1 新松 SR6C 和 SR10C 工业机器人的主要技术参数

型号	SR6C	SR10C
结构形式	垂直关节机器人	垂直关节机器人
负载能力/kg	6	10
重复定位精度/mm	±0.06	±0.06
自由度	6	6

续表

运动范围/(°)	S	±170	±170
	L	+90,−155	+90,−155
	U	+190,−170	+190,−170
	R	±180	±180
最大运动速度/(°/s)	S	150	125
	L	160	150
	U	170	150
	R	340	300
	B	340	300
	T	520	400
手腕允许力矩/(N·m)	R	12	15
	B	9.8	12
	T	6	6
手腕允许惯量/(kg·m²)	R	0.24	0.32
	B	0.16	0.2
	T	0.06	0.06

1.1.4 工业机器人的分类

1. 按结构特征分类

1) 直角坐标机器人

直角坐标机器人通过在空间三个相互垂直的 X、Y、Z 方向做移动运动,构成一个直角坐标系,运动是独立的(有 3 个自由度),其动作空间为一长方体,如图 1-1-11 所示。其特点是控制简单、运动直观性强、易达到高精度,但操作灵活性差、运动的速度较低、操作范围较小而占据的空间相对较大。

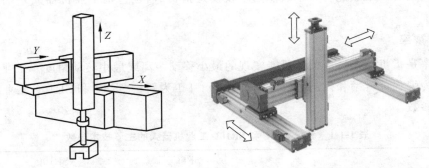

图 1-1-11 直角坐标机器人

2) 圆柱坐标机器人

圆柱坐标机器人基座上具有一个水平转台,在转台上装有立柱和水平臂,水平臂能上下移动和前后伸缩,并能绕立柱旋转,在空间构成部分圆柱面(具有一个回转和两个平移自由度),如图 1-1-12 所示。其特点是工作范围较大、运动速度较高,但随着水平臂水平方向的伸长,其线位移精度越来越低。

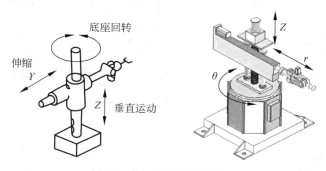

图 1-1-12 圆柱坐标机器人

3) 球坐标机器人

机器人机构的运动是球坐标运动,因此机器人被称为球坐标机器人。由于机械和驱动连线的限制,机器人的工作包络范围是球体的一部分,如图 1-1-13 所示。球坐标机器人特点如下。

(1) 其臂可以伸缩(r),类似可伸缩的望远镜套筒。

(2) 在垂直面内绕轴回转(ϕ)。

(3) 在基座水平面内转动(θ)。

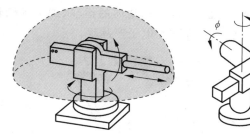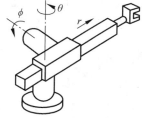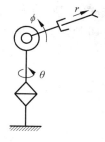

图 1-1-13 球坐标机器人

4) 多关节机器人

关节机器人也称关节手臂机器人或关节机械手臂,是当今工业领域应用最为广泛的一种机器人。多关节机器人按照关节的构型不同,又可分为垂直多关节坐标机器人和水平多关节坐标机器人。

(1) 垂直多关节机器人。垂直多关节机器人主要由机座和多关节臂组成,目前常用的关节臂数是 3～6 个,如图 1-1-14 所示。

(2) 水平多关节机器人。水平多关节机器人在结构上具有串联配置的两个能够在水平面内旋转的手臂,自由度可以根据用途选择 3～5 个,动作空间为一圆柱体,如图 1-1-15 所示。水平多关节机器人可以应用于需要高效率的装配、焊接、密封、搬运和码垛等众多场景中,具有高刚性、高精度、高速度、安装空间小、设计自由度大的优点。

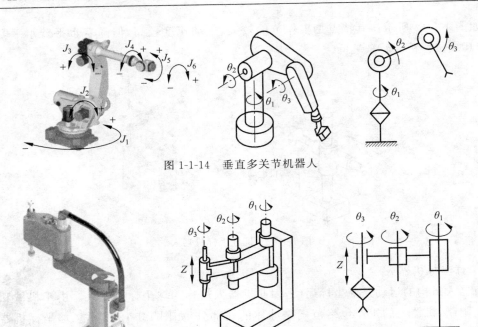

图 1-1-14　垂直多关节机器人

图 1-1-15　水平多关节机器人

5）并联机器人

并联机器人属于高速、轻载的机器人，一般通过示教编程或视觉系统捕捉目标物体，由三个并联的伺服轴确定抓具中心（TCP）的空间位置，实现目标物体的运输、加工等操作，如图 1-1-16 所示。并联机器人主要用于加工食品、药品和装配电子产品等。

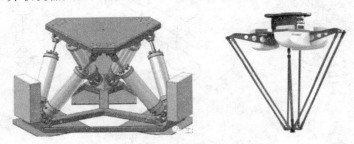

图 1-1-16　并联机器人

2. 按机器人的驱动方式分类

1）气压驱动

气压驱动系统利用空压机把电动机或其他原动机输出的机械能转换为空气的压力能，然后在控制元件的作用下，通过执行元件把压力能转换为直线运动或回转运动形式的机械能，从而完成各种动作，并对外做功。如图 1-1-17 所示为气压驱动装置。气压驱动机器人是以压缩空气为动力来驱动机器人执行机构。这种驱动方式的优点是空气来源方便，动作迅速，结构简单，造价低；缺点是空气具有可压缩性，致使工作速度的稳定性较差。因气源压力一般只有 60MPa 左右，故此类机器人适用于抓举力要求较小的场合。

2）液压驱动

液压驱动是利用油液作为传递的工作介质。电动机带动液压泵输出压力油,将电动机输出的机械能转换成油液的压力能,压力油经过管道及一些控制调节装置等进入油缸,推动活塞杆运动,从而使机械臂产生伸缩、升降等运动,将油液的压力能又转换成机械能。如图 1-1-18 所示为液压驱动装置。相对于气压驱动,液压驱动机器人具有强大的抓举能力,可达上百千克。液压驱动结构紧凑,传动平稳且动作灵敏,但液压驱动装置对密封的要求和制造精度的要求都较高,且不宜在高温或低温的场合工作,因此成本较高。

图 1-1-17　气压驱动装置

图 1-1-18　液压驱动装置

3）电力驱动

目前越来越多的机器人采用电力驱动,这不仅是因为电动机可供选择的品种众多,更因为可以运用多种灵活的控制方法。电力驱动是利用各种电动机产生的力或力矩,直接或经过减速机构驱动机器人,以获得所需的位置、速度、加速度。电力驱动具有无污染、易于控制、运动精度高、成本低,驱动效率高等优点,其应用最广泛。如图 1-1-19 所示为电动机。

4）新型驱动

随着机器人技术的发展,出现了利用新的工作原理制造的新型驱动器,如压电晶体驱动器、形状记忆合金驱动器、静电驱动器、人工肌肉及光驱动器等。如图 1-1-20 所示为新型驱动装置。

图 1-1-19　电动机

图 1-1-20　新型驱动装置

3. 按机器人的控制方式分类

1）操作机器人

操作机器人的典型代表是在核电站处理放射性物质时远距离进行操作的机器人。在这种场合下,相当于人手操纵的部分成为主动机械手,而操作机器人基本上和主动机械手类似,只是要比主动机械手大一些,作业时的力量也更大。

2) 程序机器人

计算机上已编好的作业程序文件通过 RS-232 串口或者以太网等通信方式传送到机器人控制柜,程序机器人按预先给定的程序、条件、位置进行作业。目前大部分机器人都采用这种控制方式工作。

3) 示教再现机器人

示教再现机器人的使用过程类似于盒式磁带的录制和播放过程,它能将所教的操作过程自动记录在存储器中,当需要再现操作时,便可重复所教过的操作过程。

示教再现机器人的示教方法有两种:一种是由操作者通过手动控制器(示教操纵盒)将指令信号传给驱动系统,使执行机构按要求的动作顺序和运动轨迹操演一遍;另一种是由操作者直接带领执行机构,按要求的动作顺序和运动轨迹操演一遍。在示教过程中,工作程序的信息自动存入程序存储器中,机器人自动工作时,控制系统从程序存储器中提取相应信息,将指令信号传给驱动系统,使执行机构再现示教的各种动作。

4) 智能机器人

智能机器人不仅可以预先设定动作,还可以根据工作环境的变化改变动作。

5) 综合机器人

综合机器人是由操作机器人、示教再现机器人、智能机器人组合而成的机器人,如火星机器人。

1.1.5　工业机器人典型应用

1. 焊接机器人

焊接机器人是能将焊接工具按要求送到预定空间位置,并按要求的轨迹及速度移动焊接工具的工业机器人。目前,焊接机器人的使用量约占全部工业机器人总量的 30%。如图 1-1-21 所示为机器人进行弧焊作业。如图 1-1-22 所示为机器人进行点焊作业。

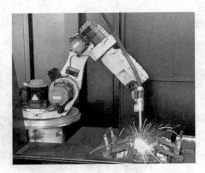

图 1-1-21　机器人进行弧焊作业

2. 装配机器人

装配机器人是工业生产中在装配生产线上对零件或部件进行装配的工业机器人。装配机器人是柔性自动化装配系统的核心设备,由机器人、控制器、末端执行器和传感系统组成。其中机器人的结构类型有水平关节型、直角坐标型、多关节型和圆柱坐标型等。装配机器人主要

图 1-1-22　机器人进行点焊作业

用于各种电器制造(包括家用电器,如电视机、录音机、洗衣机、电冰箱、吸尘器)、小型电机、汽车及其部件、计算机、玩具、机电产品及其组件的装配等方面。如图 1-1-23 所示为装配机器人。

图 1-1-23　装配机器人

3. 搬运机器人

搬运作业是指用一种握持工件设备,从一个加工位置移到另一个不同高度加工位置的过程。机器人可安装不同的末端执行器以完成各种不同形状工件的搬运工作,大大减轻了人类繁重的体力劳动。

搬运机器人可用于搬运重达几千克至几吨的负载,如图 1-1-24 所示。微型机械手可搬运轻至几克甚至几毫克的样品,用于传送超纯净实验室内的样品。为适用对不同种类工件的抓取,根据用户要求可配备不同手爪,如机械手爪、真空吸盘及电磁吸盘等。

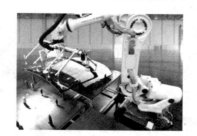

图 1-1-24　搬运机器人

4. 码垛机器人

码垛机器人是能将不同外形尺寸的包装货物整齐、自动地码(或拆)在托盘上的机器人,所以也称为托盘码垛机器人,如图 1-1-25 所示。为了充分利用托盘的面积和保证码堆物料的稳定性,机器人具有物料码垛顺序、排列设定器。通过自动更换工具,码垛机器人可以适应不同产品,并能够在恶劣环境下工作。码垛机器人对各种形状的产品(箱、罐、包或板材类等)均可作业,还能根据用户要求进行拆垛作业。

图 1-1-25　码垛机器人

5. 喷涂机器人

喷涂机器人又叫喷漆机器人,是可进行自动喷漆或喷涂其他涂料的工业机器人,如图 1-1-26 所示。多采用 5 或 6 自由度关节式结构,其腕部一般有 2～3 个自由度,可灵活运动。较先进的喷漆机器人腕部采用柔性手腕,既可向各个方向弯曲,又可转动,其动作类似人的手腕,能方便地通过较小的孔伸入工件内部,喷涂其内表面。喷漆机器人一般采用液压驱动,具有动作速度快、防爆性能好等特点,可通过手把手示教或点位示数实现示教。

图 1-1-26　喷涂机器人

6. 上下料机器人

数控机床上下料采用工业机器人替代操作工,自动完成加工中心、数控车床、冲压、锻压等机床加工过程中工件的取件、传送、装卸,包括工件翻转、工序转换等一系列上下料工作任务,实现加工单、生产线、生产车间的少人或无人化,从而降低生产成本,提高工效和产品质量,提升企业的经济效益。如图 1-1-27 所示为上下料机器人。

图 1-1-27　上下料机器人

1.2 机器人的基本术语与图形符号

1.2.1 机器人的基本术语

1. 机器人的关节

1）关节简介

关节即运动副,既是允许机器人手臂各零件之间发生相对运动的机构,也是两构件直接接触并能产生相对运动的活动联接。如图 1-2-1 所示,A、B 两部件可以做互动联接。

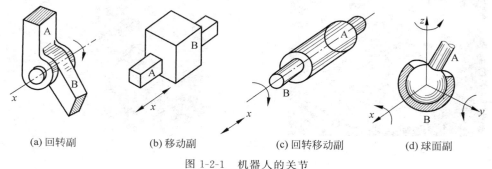

| (a) 回转副 | (b) 移动副 | (c) 回转移动副 | (d) 球面副 |

图 1-2-1 机器人的关节

2）高副机构

高副机构简称高副,是指运动机构的两构件通过点或线的接触而构成的运动副。例如齿轮副和凸轮副就属于高副机构。平面高副机构拥有两个自由度,即相对接触面切线方向的移动和相对接触点的转动。相对而言,通过面的接触而构成的运动副叫作低副机构。如图 1-2-2 所示为齿轮副,如图 1-2-3 所示为凸轮副。

图 1-2-2 齿轮副

3）关节分类

关节是各杆件间的结合部分,是实现机器人各种运动的运动副,由于机器人的种类很多,其功能要求不同,关节的配置和传动系统的形式都不同。机器人常用的关节有移动、旋转运动副。一个关节系统包括驱动器、传动器和控制器,属于机器人的基础部件,是整个机器人伺服系统中的一个重要环节,其结构、重量、尺寸对机器人性能有直接影响。关节分为回转关节、移动关节、圆柱关节和球关节。

（1）回转关节。回转关节又叫回转副、旋转关节,是使两杆件的组件中的一件相对于另一件绕固定轴线转动的关节,两个构件之间只做相对转动的运动副,如手臂与机座、手臂与手腕,并实现相对回转或摆动的关节机构,由驱动器、回转轴和轴承组成。多数电动机能直接产生旋转运动,但常需各种齿轮、链、带传动或其他减速装置,以获取较大的转矩。如图 1-2-4 所示为 6 轴工业机器人。

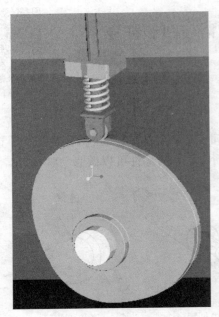

图 1-2-3　凸轮副

图 1-2-4　6 轴工业机器人

（2）移动关节。移动关节又叫移动副、滑动关节，是使两杆件的组件中的一件相对于另一件做直线运动的关节，两个构件之间只做相对移动。它采用直线驱动方式传递运动，包括直角坐标结构的驱动，圆柱坐标结构的径向驱动和垂直升降驱动，以及极坐标结构的径向伸缩驱动。直线运动可以直接由气缸或液压缸和活塞产生，也可以采用齿轮齿条、丝杠、螺母等传动元件把旋转运动转换成直线运动。如图 1-2-5 所示为直角坐标机器人，如图 1-2-6 所示为水平多关节机器人。

图 1-2-5　直角坐标机器人

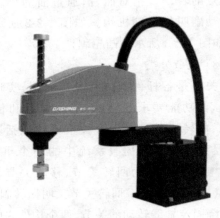

图 1-2-6　水平多关节机器人

（3）圆柱关节。圆柱关节又叫回转移动副、分布关节，是使两杆件的组件中的一件相对于另一件移动或绕一个移动轴线转动的关节，两个构件之间除了做相对转动之外，还同时可以做相对移动。如图 1-2-7 所示为圆柱关节。

（4）球关节。球关节又叫球面副,是使两杆件间的组件中的一件相对于另一件在三个自由度上绕一固定点转动的关节,即组成运动副的两构件能绕一球心做 3 个独立的相对转动的运动副,如图 1-2-8 所示为球关节。

图 1-2-7　圆柱关节　　　　　　　　　　　图 1-2-8　球关节

2. 连杆

连杆是指机器人手臂上被相邻两关节分开的部分,既是保持各关节间固定关系的刚体,也是机械连杆机构中两端分别与主动和从动构件铰接以传递运动和力的杆件。例如在往复活塞式动力机械和压缩机中,用连杆来连接活塞与曲柄。连杆多为钢件,其主体部分的截面多为圆形或工字形,两端有孔,孔内装有青铜衬套和滚针轴承,供装入轴销而构成铰接。如图 1-2-9 所示为四连杆机构。

图 1-2-9　四连杆机构

连杆是机器人中的重要部件,它连接着关节,其作用是将一种运动形式转变为另一种运动形式,并把作用在主动构件上的力传给从动构件以输出功率。

3. 刚度

刚度是机器人机身或臂部在外力作用下抵抗变形的能力。它用外力和在外力作用方向上的变形量(位移)之比来度量。在弹性范围内,刚度是零件载荷与位移成正比的比例系数,即引起单位位移所需的力。它的倒数称为柔度,即单位力引起的位移。刚度可分为静刚度和动刚度。

　　在任何力的作用下,体积和形状都不发生改变的物体叫刚体(rigidbody)。在物理学上,理想的刚体是一个固体的、尺寸值有限的、形变情况可以被忽略的物体。不论是否受力,在刚体内任意两点的距离都不会发生改变。在运动中,刚体上任意一条直线在各个时刻的位置都保持平行,如图 1-2-10 所示为刚体。

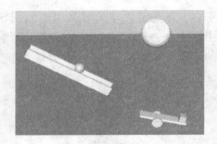

图 1-2-10　刚体

1.2.2　机器人的图形符号体系

1. 运动副的图形符号

　　机器人所用的零件和材料以及装配方法等与现有的各种机械完全相同。机器人常用的关节有移动、旋转运动副,常用的运动副图形符号见表 1-2-1。

表 1-2-1　常用的运动副图形符号

运动副名称		运动副符号	
		两运动构件构成的运动副	两构件之一为固定时的运动副
空间运动副	螺旋副		
	球面副及球销副		
平面运动副	转动副		
	移动副		
	平面高副		

2. 基本运动的图形符号

机器人的基本运动与现有的各种机械表示也完全相同。常用的基本运动图形符号见表 1-2-2。

表 1-2-2 常用的基本运动图形符号

序号	名　称	符　号
1	直线运动方向	 单向　双向
2	旋转运动方向	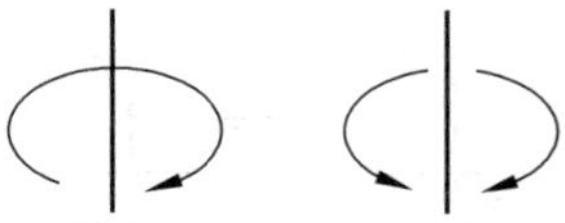 单向　双向
3	连杆、轴关节的轴	
4	刚性连接	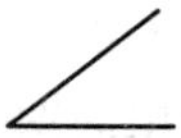
5	固定基础	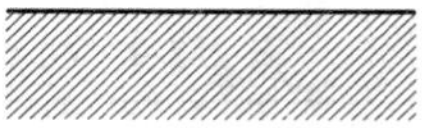
6	机械联锁	

3. 运动机能的图形符号

机器人的运动机能常用的图形符号见表 1-2-3。

表 1-2-3 机器人的运动机能常用的图形符号

编号	名　称	图形符号	参考运动方向	备　注
1	移动(1)	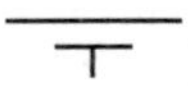	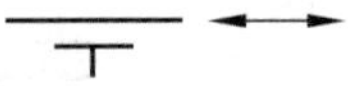	
2	移动(2)	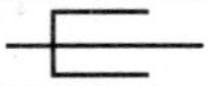	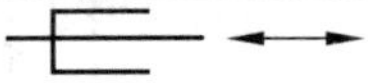	
3	回转机构	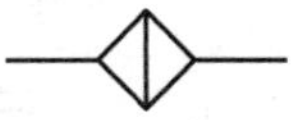		
4	旋转(1)	① 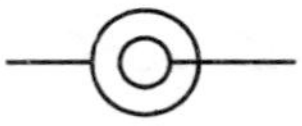 ② 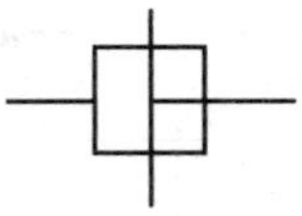	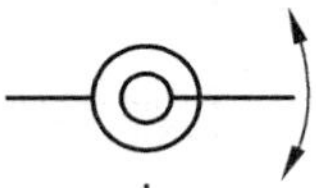 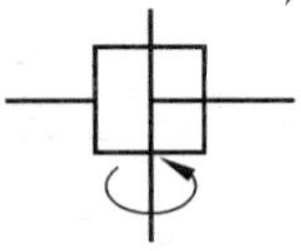	①为一般常用的图形符号；②表示①的侧向的图形符号
5	旋转(2)	① 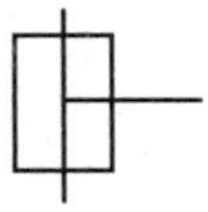 ② 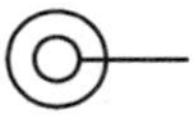	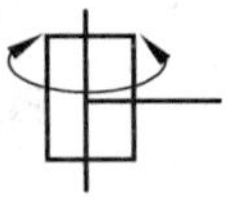 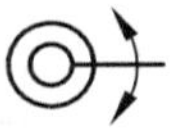	①为一般常用的图形符号；②表示①的侧向的图形符号

续表

编号	名　称	图形符号	参考运动方向	备　注
6	差动齿轮	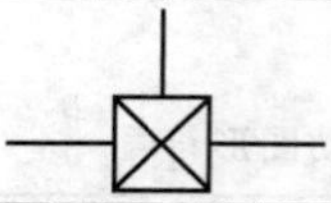		
7	球关节	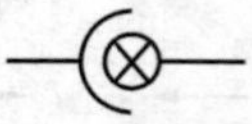		
8	握持	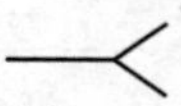	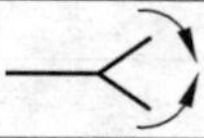	
9	保持			包括已成为工具的装置
10	机座	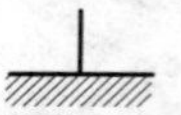		

4. 运动机构的图形符号

机器人的运动机构常用的图形符号见表 1-2-4。

表 1-2-4　机器人的运动机构常用的图形符号

编号	名　称	自由度	图形符号	参考运动方向	备　注
1	直线运动关节(1)	1	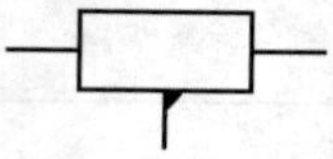		
2	直线运动关节(2)	1		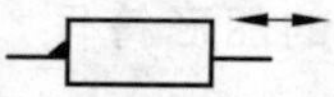	
3	旋转运动关节(1)	1	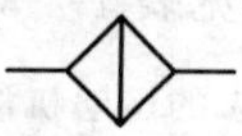	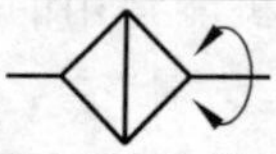	
4	旋转运动关节(2)	1			平面
5		1	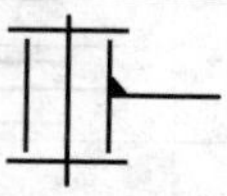	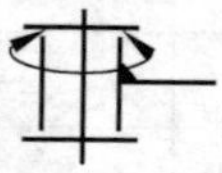	立体
6	轴套式关节	2	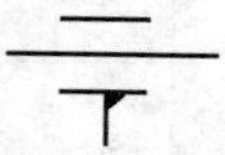		
7	球关节	3			
8	末端操作器		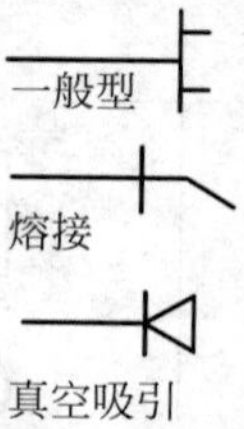 一般型　熔接　真空吸引		用途示例

1.2.3　机器人的图形符号表示

1. 坐标机器人的机构简图

机器人的机构简图是描述机器人组成机构的直观图形表达形式,是将机器人的各个运动部件用简便的符号和图形表达出来,此图可用机器人图形符号体系中的文字与代号表示。常见四种坐标机器人的机构简图如图 1-2-11 所示。

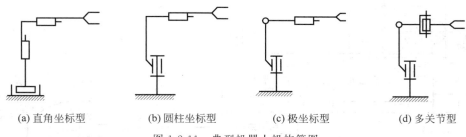

(a) 直角坐标型　　(b) 圆柱坐标型　　(c) 极坐标型　　(d) 多关节型

图 1-2-11　典型机器人机构简图

2. 机器人运动原理图

机器人运动原理图是描述机器人运动的直观图形表达形式,是将机器人的运动功能原理用简便的图形和符号表达出来,此图可用机器人图形符号体系中的文字与代号表示。

PUMA-262 机器人的机构运动示意图和运动原理图如图 1-2-12 所示,运动原理图可以简化为机构运动示意图,以明确主要因素。

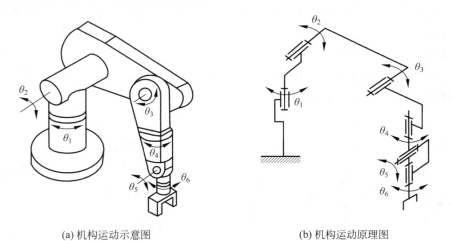

(a) 机构运动示意图　　　　　　　(b) 机构运动原理图

图 1-2-12　PUMA-262 机器人的机构运动示意图和运动原理图

3. 机器人传动原理图

将机器人动力源与关节之间的运动及传动关系用简洁的符号表示出来,就是机器人传动原理图。PUMA-262 机器人的传动原理图如图 1-2-13 所示。

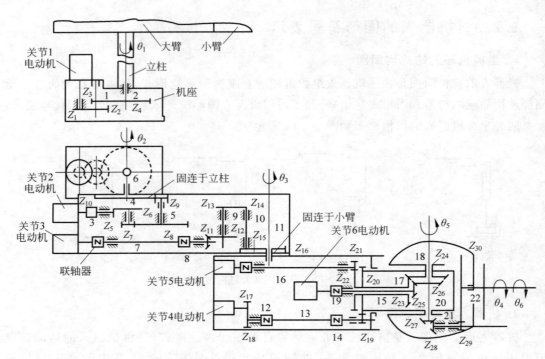

图 1-2-13　PUMA-262 机器人的传动原理图

4. 典型机器人的结构简图

1）KUKA 公司的 KR5 SCARA

该 4 自由度机器人结构简单，有 3 个转动关节、1 个螺纹移动关节，其结构简图如图 1-2-14 所示。

2）ABB 公司的 IRB 2400

该机器人有 6 个自由度，6 个转动关节。功率大，适用范围广，可靠性强，正常运行时间长，其结构简图如图 1-2-15 所示。

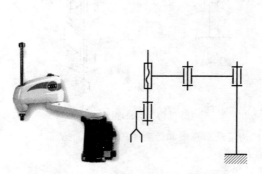

图 1-2-14　KUKA 公司的 KR5 SCARA

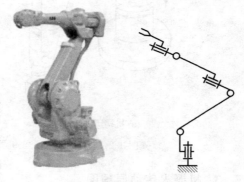

图 1-2-15　ABB 公司的 IRB 2400

3）FUNAC 公司的 R2000iB

R2000iB 其结构简图如图 1-2-16 所示。

4）MOTOMAN 公司的 IA20

MOTOMAN 公司的 IA20 是 7 自由度产品，其结构简图如图 1-2-17 所示。

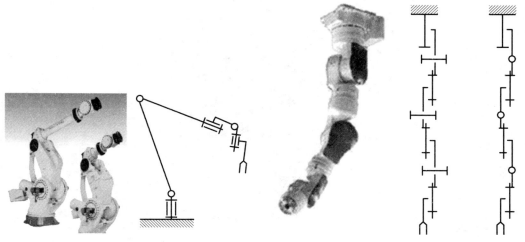

图 1-2-16　FUNAC 公司的 R2000iB　　　　图 1-2-17　MOTOMAN 公司的 IA20

5）MOTOMAN 公司的 DIA10

该产品的结构较为复杂，有 15 个自由度，其结构简图如图 1-2-18 所示。

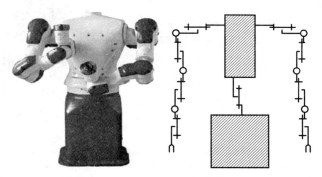

图 1-2-18　MOTOMAN 公司的 DIA10

1.3　工业机器人的运输、搬运和安装

1.3.1　工业机器人的运输

为防止振动与冲击，工业机器人在运输过程中采用木箱包装，如图 1-3-1 所示。木箱分为底板和箱体外壳。底板是整个包装唯一的承重部分，与内包装物之间有固定，保证内包装物不会在木箱中窜动，同时也是吊车、叉车搬运时的受力部分；箱体外壳及上盖只起防护作用，承重有限，故包装箱上不能放置重物，且包装箱需要竖直向上放置、不能倾倒；为保证零件的精密性，运输路途中应尽量减少颠簸，尤其要避免剧烈的颠簸。

图 1-3-1　运输所用木箱包装

1.3.2　工业机器人的搬运

1. 机器人本体的搬运

1) 使用吊车搬运

（1）新松 SR10 系列机器人。新松 SR10 机器人本体重量为 160kg，搬运时使用吊车搬运，机器人没有配备叉车架，搬运过程中不允许使用叉车。本体上提供了 2 个吊环，吊起本体时请按如图 1-3-2 所示安装吊绳。机器人各轴角度见表 1-3-1。

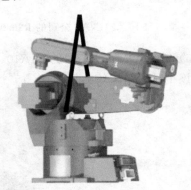

图 1-3-2　SR10 系列机器人吊绳方式

表 1-3-1　吊装时 SR10 系列机器人各轴角度　　单位：（°）

机器人各轴	1 轴	2 轴	3 轴	4 轴	5 轴	6 轴
角度值	0	+90	−80	0	−90	0

（2）新松 SRM300 系列机器人。新松 SRM300 系列机器人本体重 1900kg，底座上提供了 4 个吊环，吊起本体时按图 1-3-3 所示安装吊绳。机器人各轴角度值见表 1-3-2。

表 1-3-2　吊装时 SRM300 系列机器人各轴角度　　单位：（°）

机器人各轴	1 轴	2 轴	3 轴
角度值	0	+43	−65

2) 使用叉车搬运

新松 SR210 系列本体重量 1400kg，需要选择有足够负载能力的叉车。叉车使用如图 1-3-4 所示，叉车搬运过程中注意不要碰伤电机、连接器和机器人电缆。

图 1-3-3 SRM300 系列机器人吊绳方式

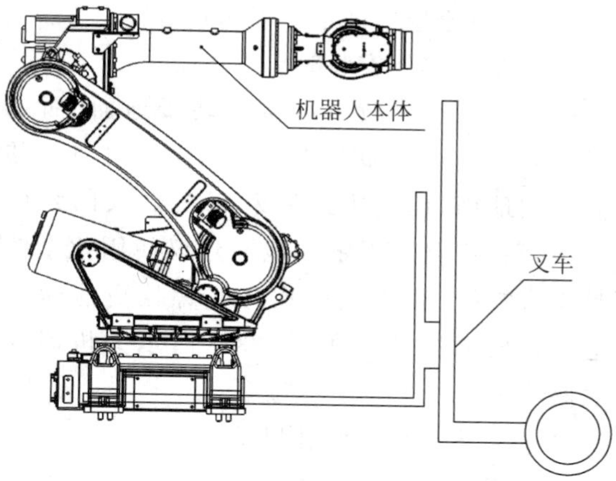

机器人本体

叉车

图 1-3-4 叉车搬运本体示意图

2. 控制柜的搬运

1）使用吊车搬运

使用吊车搬运,控制柜上方配有 4 个吊环,可用来吊起控制柜。新松 SR10 系列机器人控制柜重量约为 75kg,应选择合适的吊绳。如图 1-3-5 所示为控制柜吊绳方式。

2）使用叉车搬运

叉车叉在控制柜下方支撑的内部,注意不要损坏控制柜下方的连接器。叉车搬运控制柜示意图如图 1-3-6 所示。

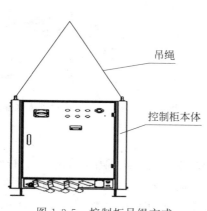

吊绳

控制柜本体

图 1-3-5 控制柜吊绳方式

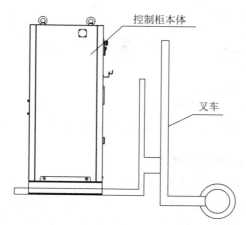

控制柜本体

叉车

图 1-3-6 叉车搬运控制柜示意图

1.3.3 工业机器人的安装

1. 机器人本体安装

1）机器人本体安装基础要求

（1）安装处的混凝土地面严格按照工程标准制作,混凝土强度等级不小于 C30。

（2）混凝土地面平面度要求为 2mm，且不得有裂纹。

（3）混凝土层厚度不小于 200mm。

2）机器人本体安装时配件选用

机器人本体一般不直接安装于地面，而是安装在机器人底座上。如有特殊情况需要可将机器人直接固定在地面，但此方法不利于机器人的维修与零件更换。将机器人固定在地面建议使用化学锚栓而不是膨胀螺栓，化学锚栓比膨胀螺栓更能承受机器人运动造成的振动。如图 1-3-7 所示为机器人安装在底座上。

3）机器人本体安装孔尺寸

新松 SR10C 机器人本体安装孔如图 1-3-8 所示，4 个 $\phi18$ 的孔为本体固定孔，4 个 M12 的孔为吊装孔。

如图 1-3-9 所示为新松 SR10C 机器人底座结构，将机器人固定在底座上的过程中保持机器人的出厂姿态，以便保证机器人的平衡，否则易发生倾倒。

图 1-3-7　机器人安装在底座上

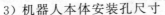
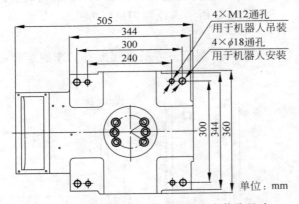

图 1-3-8　新松 SR10C 机器人底座安装孔尺寸

图 1-3-9　新松 SR10C 机器人底座结构

2. 控制柜安装

为了机器人控制柜内的通风散热，要将机器人控制柜安装在距墙壁 20cm 以上的地方。控制柜安装在高处时为了防止掉落，或放在地面时为了防止倾倒，必须将控制柜固定在放置处。如图 1-3-10 所示为新松 SR10C 机器人控制柜固定安装孔尺寸。如图 1-3-11 所示为新松 SR10C 机器人控制柜整体尺寸。

3. 线缆连接

1）互联电缆的连接

连接机器人及控制柜的电缆称为互联电缆，标准的互联线缆长度为 9m。SR10C 有两条互联线缆，一条为动力线，另一条为码盘线。控制柜连接本体航插接头如图 1-3-12 所示。

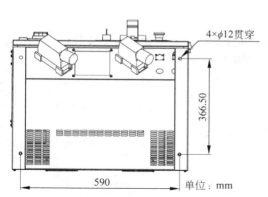

图 1-3-10 新松 SR10C 机器人控制柜固定安装孔尺寸

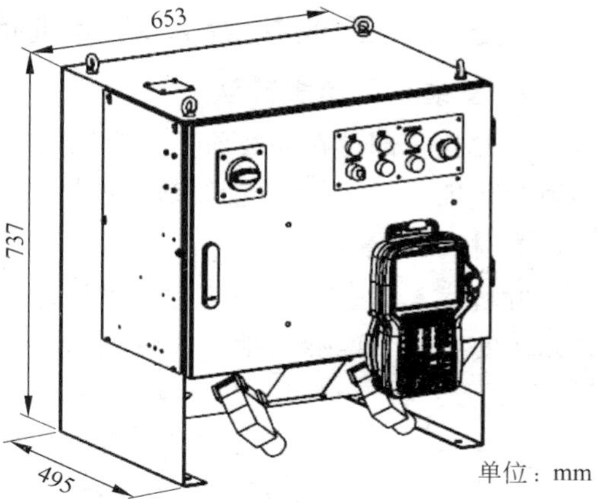

图 1-3-11 新松 SR10C 机器人控制柜整体尺寸

控制柜动力线和码盘线连接后如图 1-3-13 所示。机器人本体动力线和码盘线连接后如图 1-3-14 所示。

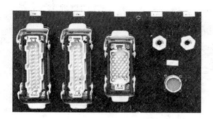

图 1-3-12 控制柜连接本体航插接头

图 1-3-13 控制柜动力线和码盘线

2）示教盒的连接

示教盒的航插和控制柜底面的航插连接后如图 1-3-15 所示。连接示教盒时要看清航插定位缺口的方向,方向对准后再旋紧。方向不对又强行接入可能会造成航插的损坏。若存在示教盒航插过紧拧不动的情况,则轻微晃动航插后继续旋转直至拧紧。示教盒线缆标准长为 8m。

图 1-3-14 机器人本体动力线和码盘线

图 1-3-15 示教器与控制柜连线

1.3.4　工业机器人末端执行器安装

1. 安装前的负载确认

末端执行部件在安装前要先确认机器人是否具有足够的负载能力。不能让机器人做超过其负载能力的工作,否则容易造成机器人损坏或发生危险。

2. 机械安装

在机器人的安装法兰上安装末端执行部件,新松 SR10C 机器人的安装法兰尺寸如图 1-3-16 所示。安装法兰实物图如图 1-3-17 所示。

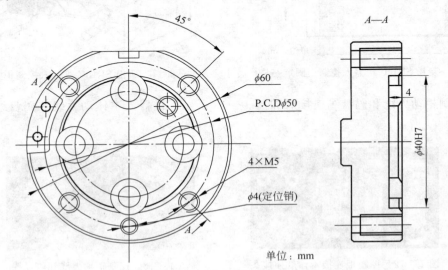

单位:mm

图 1-3-16　新松 SR10C 机器人的安装法兰尺寸

图 1-3-17　安装法兰实物图

3. 气路及走线

末端执行部件如果是气动部件(含真空吸附部件),需要连接气路。末端执行部件如果是电气控制的,需要在机器人本体上走线。为方便机器人末端执行部件走线,在机器人本体内从底座后端接线面板到 3 轴已经接好线,并在底座尾部接线面板、3 轴箱体上提供航插供使用。如图 1-3-18 所示为新松 SR10C 机器人气孔接线位置。

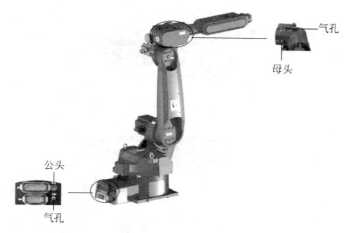

图 1-3-18　新松 SR10C 机器人气孔接线位置

　　机器人本体上提供了电气及气路的接口,同时在本体上的合适位置也提供了螺纹孔以满足走线架的机械固定需要。这些接口和螺纹孔的规格和位置如图 1-3-19 所示。

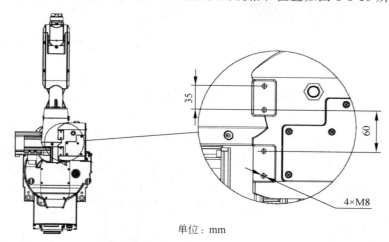

单位:mm

图 1-3-19　SR10C 机器人预留走线孔

1.3.5　I/O 信号线连接

以新松工业机器人为例,介绍 I/O 信号线连接。

1. 外部信号进入控制柜的预留口

外接的 I/O 信号线可以通过新松 SRC G5 控制柜底部的预留端口进入控制柜,预留接口如图 1-3-20 所示。新松 SRC G5 控制柜底部实物图如图 1-3-21 所示。

2. 用户 I/O

新松工业机器人提供 16 路输入、16 路输出的用户 I/O,可扩展。

1) 用户 I/O 的供电

用户 I/O 接口板的位置如图 1-3-22 所示。用户 I/O 供电为 24V 直流电。用户 I/O 正常工作前,必须接入用户电源 24V 和 0V。

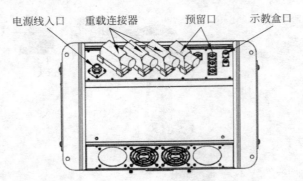

图 1-3-20 新松 SRC G5 控制柜预留接口

图 1-3-21 新松 SRC G5 控制柜底部实物图

图 1-3-22 新松 SRC G5 控制柜内部结构图

2）用户 I/O 的接线

用户 I/O 接口板的外形布局图如图 1-3-23 所示。

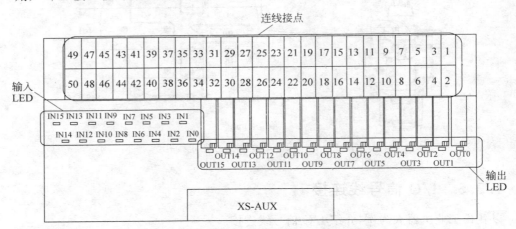

图 1-3-23 用户 I/O 接口板的外形布局图

第 9 至 24 引脚为 I/O 输出点。用户 I/O 输出点输出的电压为 0V 用户电。第 31 至 46 引脚为输入点。用户 I/O 输入点为低电平有效，即 0V 有效。

用户 I/O 接法示例如下。

（1）用户 I/O 接法方案 1

外部总控柜（如 PLC）有独立供电，并且不改变机器人控制柜供电情况下的信号交互方案如图 1-3-24 所示。图 1-3-24 反映的是接入机器人控制柜的输入信号，如接机器人控制柜输出信号，则相反控制即可，即用机器人控制柜控制继电器线圈，客户信号接继电器常开触点。

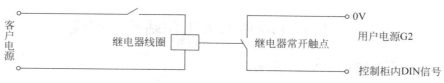

图 1-3-24　用户 I/O 接法方案 1

（2）用户 I/O 接法方案 2

舍弃机器人控制柜内的用户电源 G2,改用客户电源统一供电。

将机器人控制柜柜门内侧下面的用户电源 G2 上的 24V 和 0V 断开,并用绝缘胶带包好,防止短接,如图 1-3-25 所示。

将客户电源(如 PLC 的供电电源)的 24V 和 0V 接入 XT5 端子排(位于用户 I/O 接口板右侧)的对应接口上,"1""2"孔位均可接 24V,"3""4"孔位均可接 0V。

注意:0V 和 24V 严禁接反,接反后通电将造成 I/O 板(AP2)损坏,导致输出失效。

（3）用户 I/O 接法方案 3

无客户独立电源,用机器人控制柜内的用户电源 G2 给外围设备统一供电(注意,G2 电源负载能力为 150W)。不改变控制柜供电布局情况下,直接从 XT5 的"1"或"2"孔位即可引出 24V,"3"或"4"孔位即可引出 0V,如图 1-3-26 所示。

图 1-3-25　用户 I/O 接法方案 2

图 1-3-26　用户 I/O 接法方案 3

3）用户 I/O 的校验

用户 I/O 输入信号默认为 DIN0 组,共 16 个信号;用户 I/O 输出默认为 OUT0 组。用户可以进行对用户 I/O 的校验和强制输出。用户 I/O 状态如图 1-3-27 所示。

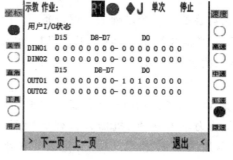

图 1-3-27　用户 I/O 状态

1.4　认识工业机器人工作站及生产线

1.4.1　工业机器人工作站

工业机器人工作站是指使用一台或多台机器人，配以相应的周边设备，用于完成某一特定工序作业的独立生产系统，也可称为机器人工作单元。它主要由工业机器人及其控制系统、辅助设备及其他周边设备构成。

工业机器人工作站是以工业机器人作为加工主体的作业系统。由于工业机器人具有可再编程的特点，当加工产品更换时，可以对机器人的作业程序进行重新编写，从而达到系统柔性要求。如图 1-4-1 所示为机器人磨抛工作站。

图 1-4-1　机器人磨抛工作站

然而，工业机器人只是整个作业系统的一部分，作业系统还包括工装、变位器、辅助设备等周边设备，应该对它们进行系统集成，使之构成一个有机整体，才能完成任务，满足生产需求。

工业机器人工作站系统集成一般包括硬件集成和软件集成两个过程。硬件集成需要根据需求对各个设备接口进行统一定义，以满足通信要求；软件集成则需要对整个系统的信息流进行综合，然后再控制各个设备按流程运转。

1. 工业机器人工作站的特点

1）技术先进

工业机器人集精密化、柔性化、智能化、软件应用开发等先进制造技术于一体，通过对过程实施检测、控制、优化、调度、管理和决策，实现增加产量、提高质量、降低成本、减少资源消耗和环境污染的目的，是工业自动化水平的最高体现。

2）技术升级

工业机器人与自动化成套装备具有精细制造、精细加工以及柔性生产等技术特点，是继动力机械、计算机之后出现的全面延伸人的体力和智力的新一代生产工具，也是实现生产数字化、自动化、网络化以及智能化的重要手段。

3）应用领域广泛

工业机器人与自动化成套装备是生产过程的关键设备，可用于制造、安装、检测、物流等生产环节，并广泛应用于汽车整车及汽车零部件、工程机械、轨道交通、低压电器、电力、IC装备、军工、烟草、金融、医药、冶金及印刷出版等行业，应用领域非常广泛。

4）技术综合性强

工业机器人与自动化成套技术集中并融合了多项学科，涉及多项技术领域，包括工业机器人控制技术、机器人动力学及仿真、机器人构建有限元分析、激光加工技术、模块化程序设计、智能测量、建模加工一体化、工厂自动化以及精细物流等先进制造技术，技术综合性强。

2. 工业机器人工作站的组成

如图 1-4-2 所示是机器人弧焊工作站的组成。机器人弧焊工作站由工业机器人、焊接电源(焊机)、焊枪、保护气瓶、送丝机、变位机等组成。

图 1-4-2　机器人弧焊工作站的组成

3. 外围设备的种类及注意事项

必须根据自动化的规模确定工业机器人与外围设备的规格。因作业对象不同,其规格也多种多样。从表 1-4-1 可以看出,机器人的作业内容大致可分为装卸、搬运作业和喷涂、焊接作业两种基本类型。后者持有喷枪、焊枪或焊炬。当工业机器人进行作业时,喷涂设备、焊接设备等作业装置都是很重要的外围设备。这些作业一般都是手工操作,当用于工业机器人时,必须对这些装置进行改造。

表 1-4-1　工业机器人的作业和外围设备的种类

作业内容	工业机器人种类	主要外围设备
压力机上的装卸作业	固定程序式	传送带、滑槽、供料装置、送料器、提升装置、定位装置、取件装置、真空装置、修边压力装置
切削加工的装卸作业	可变程序式、示教再现式、数字控制式	传送带、上下料装置、定位装置、反转装置、随行夹具
压铸加工的装卸作业	可变程序式、示教再现式	浇铸装置、冷却装置、修边压力机、脱模剂喷涂装置、工件检修
喷涂作业	示教再现式(CP 的动作)	传送带、工件检修、喷涂装置、喷枪
点焊作业	示教再现式	焊接电源、时间继电器、次级电缆、焊枪、异常电流检测装置、工具修整装置、焊透性检验、车型判别、焊接夹具、传送带、夹紧装置
电弧焊作业	示教再现式(CP 的动作)	弧焊装置、焊丝进给装置、焊炬、气体检测、焊丝检测、焊炬修整、焊接夹具、位置控制器、焊接条件选择

4. 机器人工作站的一般设计原则

由于工作站的设计是一项灵活多变、关联因素甚多的技术工作,这里将共同因素抽取出来,得出一些一般的设计原则。以下归纳的 10 条设计原则体现着工作站用户多方面的需要。

（1）设计前必须充分分析作业对象，拟定最合理的作业工艺。

（2）必须满足作业的功能要求和环境条件。

（3）必须满足生产节拍要求。

（4）整体及各组成部分必须全部满足安全规范及标准。

（5）各设备及控制系统应具有故障显示及报警装置。

（6）便于维护修理。

（7）操作系统应简单明了，便于操作和人工干预。

（8）操作系统便于联网控制。

（9）工作站便于组线。

（10）经济实惠，快速投产。

1）作业顺序和工艺要求

对作业对象（工件）及其技术要求进行认真细致的分析，这是整个设计的关键环节，直接影响工作站的总体布局、机器人型号的选定、末端执行器和变位机等的结构以及其他周边机器的型号等方面。一般来说，对工件的分析包含以下几个方面。

（1）工件的形状决定了末端执行器和夹具体的结构及其工件的定位基准。

（2）工件的尺寸及精度对机器人工作站的使用性能有很大的影响。

（3）当工件安装在夹具体上时，需特别考虑工件的质量和夹紧时的受力状况，当工件需机器人搬运或抓取时，工件质量成为选择机器人型号的最直接技术参数。

（4）工件的材料和强度对工作站中夹具的结构设计、动力形式的选择、末端执行器的结构以及其他辅助设备的选择都有直接的影响。

（5）工作环境也是机器人工作站设计中需要引起注意的一个方面。

（6）作业要求是用户对设计人员提出的技术期望，它是可行性研究和系统设计的主要依据。

2）工作站的功能要求和环境要求

机器人工作站的生产作业是由机器人连同它的末端执行器、夹具和变位机以及其他周边设备等完成的，其中起主导作用的是机器人，所以这一设计原则首先在选择机器人时必须满足。选择机器人，可从三个方面加以保证。

（1）确定机器人的持重能力。机器人手腕所能抓取的质量是机器人的一个重要性能指标。

（2）确定机器人的工作空间。机器人手腕基点的动作范围就是机器人的名义工作空间，它是机器人的另一个重要性能指标。需要指出的是，末端执行器装在手腕上后，作业的实际工作点会发生改变。

（3）确定机器人的自由度。机器人在持重和工作空间上满足对机器人工作站或生产线的功能要求后，还要分析它是否可以在作业范围内满足作业的姿态要求。自由度越多，机器人的机械结构与控制就越复杂。所以，通常情况下，如果少自由度能完成的作业，就不要盲目选用更多自由度的机器人去完成。

总之，为了满足功能要求，选择机器人必须从持重、工作空间、自由度等方面来分析，只有它们同时满足或增加辅助装置（即能满足功能要求）时，所选用的机器人才是可用的。机器人的选用也常受机器人市场供应因素的影响，所以，还需考虑成本及可靠性等问题。

3）工作站对生产节拍的要求

生产节拍是指完成一个工件规定的处理作业内容所要求的时间,也就是用户规定的年产量对机器人工作站工作效率的要求。生产周期是机器人工作站完成一个工件规定的处理作业内容所需要的时间。

在总体设计阶段,首先要根据计划年产量计算出生产节拍,然后对具体工件进行分析,计算各个处理动作的时间,确定出完成一个工件处理作业的生产周期。将生产周期与生产节拍进行比较,当生产周期小于生产节拍时,说明这个工作站可以完成预定的生产任务;当生产周期大于生产节拍时,说明一个工作站不具备完成预定生产任务的能力,这时就需要重新研究这个工作站的总体构思。

4）安全规范及标准

由于机器人工作站的主体设备——机器人,是一种特殊的机电一体化装置,与其他设备的运行特性不同,机器人在工作时是以高速运动的形式掠过比其机座大很多的空间,其手臂各杆的运动形式和启动难以预料,有时会随作业类型和环境条件而改变。同时,在其关节驱动器通电的情况下,维修及编程人员有时需要进入工作空间;又由于机器人的工作空间内常与其周边设备工作区重合,从而极易产生碰撞、夹挤或由于手爪松脱而使工件飞出等危险,特别是在工作站内多台机器人协同工作的情况下发生危险的可能性更高。所以,在工作站的设计中,必须充分分析可能发生的危险情况,估计可能的事故风险,制订相应的安全规范和标准。如图 1-4-3 所示为机器人点焊工作站。

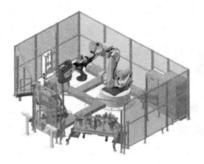

图 1-4-3　机器人点焊工作站

5. 机器人工作站的设计过程

1）可行性分析

通常需要对工程项目进行可行性分析。在引入工业机器人系统之前,必须仔细了解应用机器人的目的以及主要的技术要求,并至少应该从三个方面进行分析。

（1）技术上的可能性与先进性。这是可行性分析首先要解决的问题。为此必须首先进行可行性调查,主要包括用户现场调研和相似作业的实例调查等。取得充分的调查资料之后,就要规划初步的技术方案,为此要进行如下工作。

作业量及难度分析;编制作业流程卡片;绘制时序表,确定作业范围,并初选机器人型号;确定相应的外围设备;确定工程难点,并进行试验取证;确定人工干预程度等。提出几个规划方案并绘制相应的机器人工作站或生产线的平面配置图,编制说明文件。然后对各方案进行先进性评估,包括机器人系统、外围设备及控制、通信系统等的先进性。

（2）投资上的可能性和合理性。根据前面提出的技术方案,对机器人系统、外围设备、控制系统以及安全保护设施等进行逐项估价,并考虑工程进行中可以预见和不可预见的附加开支,按工程计算方法得到初步的工程造价。

（3）工程实施过程中的可能性和可变更性。满足前两项之后引入方案,还要对它进行施工过程中的可能性和可变更性的分析。这是因为在很多设备、元件等的制造、选购、运输、安装过程中,还可能出现一些不可预见的问题,所以必须准备发生问题时的替代方案。

　　在进行上述分析之后,就可对机器人引入工程的初步方案进行可行性排序,得出可行性结论,并确定一个最佳方案,再进行机器人工作站、生产线的工程设计。

　　2)机器人工作站和生产线的详细设计

　　根据可行性分析中所选定的初步技术方案,进行详细的设计、开发、关键技术和设备的局部试验或试制、绘制施工图和编制说明书。

　　(1)规划及系统设计。规划及系统设计包括设计单位内部的任务划分、机器人考查及询价、编制规划单、运行系统设计、外围设备(辅助设备、配套设备及安全装置等)的详细计划,关键问题的解决等。

　　(2)布局设计。布局设计包括机器人选用,人-机系统配置,作业对象的物流路线,电、液、气系统走线,操作箱、电器柜的位置以及维护修理和安全设施配置等内容。

　　(3)扩大机器人应用范围辅助设备的选用和设计。此项工作的任务包括工业机器人用以完成作业的末端操作器、固定和改变作业对象位姿的夹具和变位机、改变机器人动作方向和范围的机座的选用和设计。一般来说,这一部分的设计工作量最大。

　　(4)配套和安全装置的选用和设计。此项工作主要包括为完成作业要求的配套设备(如弧焊的焊丝切断和焊枪清理设备等)的选用和设计、安全装置(如围栏、安全门等)的选用和设计以及现有设备的改造等内容。

　　(5)控制系统设计。此项设计包括以下几方面的内容:选定系统的标准控制类型与追加性能,确定系统工作顺序与方法,联锁与安全设计;液压气动、电气、电子设备及备用设备的试验;电气控制线路设计;机器人线路及整个系统线路的设计等。

　　(6)支持系统。设计支持系统应包括故障排队与修复方法,停机时的对策与准备,备用机器的筹备以及意外情况下救急措施等内容。

　　(7)工程施工设计。此项设计包括编写工作系统的说明书、机器人详细性能和规格的说明书、接收检查文本、标准件说明书、绘制工程制造、编写图纸清单等内容。

　　(8)编制采购资料。此项任务包括编写机器人估价委托书、机器人性能及自检结果、编制标准件采购清单、培训操作要员计划、维护说明及各项预算方案等内容。

　　3)制造与试运行

　　制造与试运行是根据详细设计阶段确定的施工图纸、说明书进行布置、工艺分析、制作、采购,然后进行安装、测试、调速,使之达到预期的技术要求,同时对管理人员、操作人员进行培训。

　　(1)制作准备。制作准备包括制作估价,拟定事后服务及保证事项,签订制造合同,选定培训人员及实施培训等内容。

　　(2)制作与采购。此项任务包括设计加工零件的制造工艺、零件加工、采购标准件、检查机器人性能、采购件的验收检查以及故障处理等内容。

　　(3)安装与试运转。此项任务包括安装总体设备、试运转检查、高速试运转、连续运转、实施预期的机器人系统的工作循环、生产试车、维护维修培训等内容。

　　(4)连续运转。连续运转包括按规划中的要求进行系统的连续运转和记录、发现和解决异常问题、实地改造、接受用户检查、写出验收总结报告等内容。

　　4)交付使用

　　交付使用后,为达到和保持预期的性能和目标,对系统进行维护和改进,并进行综合评价。

（1）运转率检查。此项任务包括正常运转概率测定、周期循环时间和产量的测定、停车现象分析、故障原因分析等内容。

（2）改进。此项任务包括正常生产必须改造事项的选定及实施和今后改进事项的研讨及规划等内容。

（3）评估。此项任务包括技术评估、经济评估、对现实效果和将来效果的研讨、研究课题的确定以及写出总结报告等内容。

由此可以看出，在工业生产中，引入机器人系统是一项相当细致复杂的工程，它涉及机、电、液、气、讯等诸多技术领域，不仅要求人们从技术上，而且从经济效益、社会效益、企业发展多方面进行可行性研究，只有立题正确、投资准、选型好、设备经久耐用，才能做到最大限度地发挥机器人的优越性，提高生产效率。如图 1-4-4 所示为机器人喷涂工作站。

图 1-4-4　机器人喷涂工作站

1.4.2　工业机器人生产线

机器人生产线是由两个或两个以上的机器人工作站、物流系统和必要的非机器人工作站组成，完成一系列以机器人作业为主的连续生产自动化系统。

1. 工业机器人生产线构成

如图 1-4-5 所示是某汽车的前后挡风玻璃密封胶涂刷作业生产线。人工将玻璃存储车送入线中，再由专用的搬运装置送到第 2 工作站，然后通过一次涂刷（3 站）、干燥（4 站）、密封胶涂刷（5 站）等工作站完成规定的作业内容，最后由玻璃翻转、搬出工作站（6 站）中的机器人将成品搬出本线，并转送到汽车总装生产线上。6 站的这个机器人是总装生产线与子生产线的连接点，它是子生产线的末端，也是总装生产线的部件搬入装置。这条子生产线共由 6 个工作站组成，其中一次涂刷、密封胶涂刷和玻璃翻转、搬出 3 个工作站使用了机器人，其他工作站配备了专用装置。2～6 站之间玻璃的搬运使用了同步移动机构。生产线还配置了涂料、密封胶送料泵及定量送料装置等辅助设备。

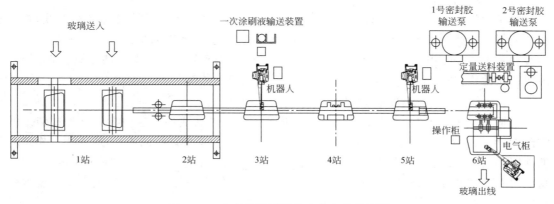

图 1-4-5　密封胶涂刷机器人生产线总体图

由实例可以看出,机器人生产线一般由以下几部分构成。

1) 机器人工作站

在机器人生产线中,机器人工作站是相对独立,又与外界有着密切联系的部分。在作业内容、周边装置、动力系统方面往往是独立的,但在控制系统、生产管理和物流等方面又与其他工作站以及上位管理计算机系统成为一体。对于密封胶涂刷机器人生产线中的密封胶涂刷机器人工作站,若将工件固定的定位夹紧装置改变为一个双工位的人工上、下料转台,再配备上密封胶送料泵、定量吐料装置、气压系统等装置,便成为一个独立的机器人工作站。

机器人工作站与生产线的联系就在于采用了各站工件同步移动的传送装置,使工件运动起来,不断地自动输入送出工件。另外,工作站中机器人及运动部件的工作状态必须经控制系统与上位管理系统建立联系,从而使各站的工作协调起来。

2) 非机器人工作站

机器人生产线中,除含有机器人的工作站之外,其他工作站统称为非机器人工作站。它也是机器人生产线的一个重要组成部分,具体可分为3类:专用装置工作站、人工处理工作站和空设站。

(1) 专用装置工作站。在某些工件的作业工序中,有些作业不需要使用机器人,只要使用专用装置就可以完成。这种设备称为专用装置工作站。如图1-4-5所示的生产线实例中,玻璃搬运工作站就属于专用装置工作站。

(2) 人工处理工作站。在机器人生产线中,有些工序一时难以使用机器人,或使用机器人会花费很大的投资,而效果并非十分有效,这就产生了必不可少的人工处理工作站。在目前的多数机器人生产线上或多或少都设有这种工作站,尤其在汽车总装生产线上。

(3) 空设站。机器人生产线中,有一些工作站上并没有具体的作业,工件只是经过此站,起着承上启下的桥梁作用,把各工作站连接成一条"流动"的生产线,这种工作站被称为空设站。空设站的设置,有时是为满足生产线中各站之间具有一定的节距,同步生产节拍。某些情况下,空设站也有一定作用,如图1-4-5实例中的干燥工作站也是一种空设站,它是一个干燥环节。

3) 机器人子生产线

对于大规模生产厂的大型生产线(如轿车的总装线),往往包含着若干条小生产线,称为机器人子生产线。子生产线是一个相对独立的系统,一条大规模的生产线可看成是由一条主线和若干条子线组成的。这些子线和主线在其输出端和输入端用某种方式建立起联系,形成树状结构,如图1-4-6所示的汽车总装生产线流程示意图。

4) 中转仓库(暂存或缓存仓库)

根据生产线的要求,某些生产线需要存储各种零部件或成品。它们有的是外线转来的零部件,由操作者或无人搬运车存入库内。作为生产线和子生产线的源头,或作为工作站的散件库,或在生产线的作业过程中起暂放、中转作用,或用于将生产线的成品分类入库,所有这些用于存储的装置统称为中转仓库。随着工厂自动化水平的不断提高,生产线中设立各种中转仓库的需求会越来越多。

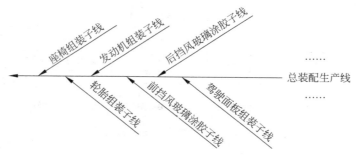

图 1-4-6　汽车总装生产线流程示意图

5）物流系统

物流系统是机器人生产线的一个重要组成部分，它担负着各工作站之间工件的转运、定位甚至夹紧，工件的出库入线或出线入库，各站的散件入线等工作。物流系统将各个独立的工作站单元连接起来，成为一条流动的生产线系统。生产线越大，自动化程度越高，物流系统就越复杂。它常用的传送方式有链式运输、带式运输、专用搬运机、无人小车搬运和同步移动机构等。

密封胶涂刷机器人生产线中的物流系统采用的是同步移动装置，如图 1-4-7 所示。各站中工件是用固定于本站的气吸盘定位的，2～5 站还有供工件移动的气吸盘，它们被安装在同一个框架上，框架在气缸和齿轮装置的驱动下，整体向前移动一个站距，完成工件的传送；工件入线由人工搬入；第 1 站向第 2 站的传送使用了专用搬运装置；工件出线则由机器人完成。

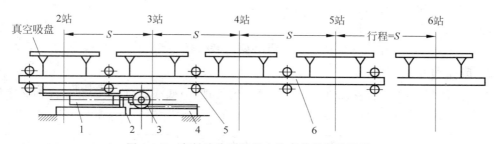

图 1-4-7　密封胶涂刷机器人生产线的物流装置
1—气缸；2—上齿条；3—齿轮；4—下齿条；5—导向支撑轮；6—整体移动框架

6）动力系统

动力系统是机器人生产线必不可少的一个组成部分，它驱动各种装置和机构运动，实现预定的动作。动力系统可分为 3 种类型，即电动、液动和气动。一条生产线中可单独使用，也可混合使用。

7）控制系统

控制系统是机器人生产线的神经中枢，它接收外部信息，经过处理后发出指令，指导各职能部门按照规定的要求协调作业。一般生产线的控制系统可以分为 3 层，即生产线→子生产线→工作站，并构成相互联系的信息网络，如图 1-4-8 所示。

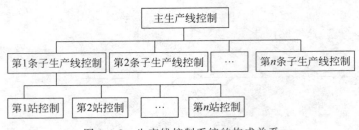

图 1-4-8　生产线控制系统的构成关系

8）辅助设备及安全装置

机器人生产线的其他一些辅助部分也是必不可少的,甚至是至关重要的。安全装置是机器人生产线中最为重要的组成部分,它直接关系到人身和设备的安全以及生产线的正常工作。

2．机器人生产线的一般设计原则

（1）各工作站必须具有相同或相近的生产周期。

（2）工作站间应有缓冲存储区。

（3）物流系统必须顺畅,避免交叉或回流。

（4）生产线要具有混流生产的能力。

（5）生产线要留有再改造的余地。

（6）夹具体要有一致的精度要求。

（7）各工作站的控制系统必须兼容。

（8）生产线布局合理、占地面积力求最小。

（9）安全监控系统合理可靠。

（10）最关键的工作站或生产设备应有必要的替代储备。

3．成品喷漆生产线

成品喷漆生产线对总装后的成品进行喷漆前处理、喷底漆、表面喷漆和喷商标文字等一系列的作业,其工艺流程如图 1-4-9 所示。

图 1-4-9　成品喷漆生产线工艺流程

整条生产线的各个工作站由吊链式传送线连接起来,生产线的总体布局如图 1-4-10 所示。主要设备有清洗机、干燥炉、水洗装置、吊链传送线和喷涂机器人,各设备的主要作业内容见表 1-4-2。

这里主要介绍喷涂机器人工作站及其有关内容,喷涂机器人工作站的典型配置如图 1-4-11 所示。工件、喷涂机器人、机器人示教盒和防爆端子箱均设在装有排风装置的喷漆工作间内,而机器人控制箱、操作箱以及喷漆动力机械则设在工作间之外,这样尽可能地将设备安装在不受污染并且安全的室外,而内部的设备则应采取防爆措施。

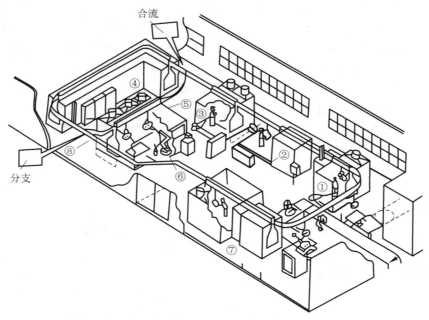

图 1-4-10 成品喷漆生产线总体布局图(图注见表 1-4-2)

表 1-4-2 成品喷漆生产线主要设备及作业内容

序号	设 备 名 称	作 业 内 容
①	清洗机	去除灰尘杂质及油污
②	干燥炉	烘干工件
③	喷底漆用工作间	为工件喷底漆
④	干燥炉	烘干工件
⑤	喷表面漆用工作间	工件表面喷漆作业室
⑥	喷涂机器人 M-K5G	工件表面喷漆
⑦	喷文字用工作间	喷商标及文字
⑧	吊链式传送线	传送工件

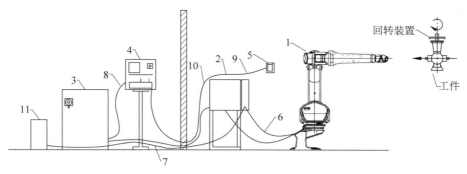

图 1-4-11 喷漆机器人工作站的典型配置

1—喷漆机器人本体 M-K5G；2—安全防爆子箱；3—电控柜；4—操作箱；5—机器人示教盒；
6—机器人与接线端子之间的电缆；7—接线端子箱与电控柜间的电缆；8—操作箱用电缆；
9—机器人示教盒用电缆；10—机器人示教盒用中继电缆；11—喷漆动力机械(气泵)

　　在喷漆作业中,喷枪与工件的相对位置是保证喷涂质量的关键。配电高压开关的外形较为复杂,更应选择最佳喷涂方向。本工作站采用了吊链传送线和喷涂机器人协调动作的控制方式。在传送线的吊链上装有工件回转装置,它的旋转速度、吊链的运行速度、机器人的位姿和喷涂作业均由计算机协调处理,从而保证了较高的喷涂质量。

　　另外,在吊链传送线上,还装有检测有无工件的传感器。如吊链上装有工件,那么回转装置带动工件旋转,机器人按设定程序进行作业;如吊链上未装工件,那么应使吊环通过该站,不进行喷涂作业。当改变工件品种时,则要启动相应的机器人作业程序。

习　　题

一、填空题

　　1. 工业机器人工作站是指使用一台或多台＿＿＿＿＿＿,配以相应的周边设备,用于完成某一特定工序作业的独立生产系统,也可称为机器人工作单元。它主要由＿＿＿＿＿＿及其＿＿＿＿＿＿、辅助设备以及其他周边设备构成。

　　2. 一个工业机器人系统从结构来看,可以分为三个部分,这三个部分为机器人＿＿＿＿＿＿、＿＿＿＿＿＿与控制系统以及示教器。

　　3. 工业机器人运动精度包括＿＿＿＿＿＿和＿＿＿＿＿＿。

　　4. 机器人生产线是由两个或两个以上的＿＿＿＿＿＿、物流系统和必要的非机器人工作站组成,完成一系列以＿＿＿＿＿＿为主的连续生产自动化系统。

二、简答题

　　1. 工业机器人的主要参数一般包含哪些?

　　2. 工业机器人按照结构特征分类可分为哪几种?

　　3. 工业机器人按照驱动方式分类可分为哪几种?

第2章

工业机器人搬运工作站系统集成

知识目标

1. 熟悉工业机器人搬运工作站的组成。

2. 掌握工业机器人搬运工作站的工作过程。

能力目标

1. 能根据任务要求,合理选用工业机器人。

2. 能根据任务要求,完成工业机器人搬运工作站的设计。

3. 能完成工业机器人搬运工作站的参数配置。

素质目标

提高自身的工程能力与业务水平。

认识搬运
工业机器人

2.1 搬运工业机器人

2.1.1 搬运工业机器人简介

搬运工业机器人是可以进行自动化搬运作业的工业机器人。最早的搬运工业机器人出现在 1960 年的美国,Versatran 和 Unimate 两种机器人首次用于搬运作业。

搬运工业机器人是近代自动控制领域出现的一项高新技术,涉及力学、机械学、电器液压气压技术、自动控制技术、传感器技术、单片机技术和计算机技术等学科领域,已成为现代机械制造生产体系中的一项重要组成部分。它的优点是可以通过编程完成各种预期的任务,在自身结构和性能上结合了人和机器各自的优势,尤其体现出了人工智能和适应性。

1. 搬运工业机器人的特点

1) 紧凑型设计

该设计使机器人的荷重最高,并使其在物料搬运、上下料以及弧焊应用中的工作范围得到最优化。具有同类产品中最高的精确度及加速度,可确保高产量及低废品率,从而提高生产率。

2）可靠性与经济性兼顾

结构坚固耐用，例行维护间隔时间长。机器人采用具有良好平衡性的双轴承关节钢臂，第2轴配备扭力撑杆，并装备免维护的齿轮箱和电缆，达到了极高的可靠性。为确保运行的经济性，传动系统采用优化设计，实现了低功耗和高转矩的兼顾。

3）具备多种通信方式

具备串口、网络接口、PLC、远程I/O和现场总线接口等多种通信方式，能够方便地实现与小型制造工位及大型工厂自动化系统的集成，为设备集成铺平道路。

4）缩短节拍时间

所有工艺管线均内嵌于机器人手臂，大幅降低了因干扰和磨损导致停机的风险。这种集成式设计还能确保运行加速度始终无条件保持最大化，从而显著缩短节拍时间，增强生产可靠性。

5）加快编程进度

中控臂技术进一步增强了离线编程的便利性，管线运动可控制且易于预测，使编程和模拟能如实预演机器人系统的运行状态，大幅缩短程序调试时间，加快投产进度。编程时间从头至尾最多可节省90%。

6）提高生产能力和利用率

拥有大作业范围，一个机器人能够在一个机器人单元或多个单元内对多个站点进行操作。该型机器人除能够进行"基本"物料搬运之外，还能够完成增值作业任务，这一点有助于提高机器人的利用率。因此，生产能力和利用率可以同时得到提高，并减少投资。

7）降低投资成本

所有管线均采用妥善的紧固和保护措施，不仅减小了运行时的摆幅，还能有效防止焊接飞溅物和切削液的侵蚀，显著延长了使用寿命。其采购和更换成本最多可降低75%，还可每年减少多达三次的停产检修。

8）节省空间

设计紧凑，无松弛管线，占地极小。在物料搬运和上下料作业中，机器人能更加靠近所配套的机械设备。在弧焊应用中，上述设计优势可降低与其他机器人发生干扰的风险，为高密度、高产能作业创造了有利条件。

9）高能力和高人员安全标准

在设备管理应用环境下，它可以提供比传统解决方案更为理想的操作。该型机器人可以从顶部和侧面到达机器。此外，顶架安装的机器人能够从机器正面到达机器，以进行维护作业、小规模搬运和快速切换等工作。由于在手动操作机器时机器人不在现场，因此可以提高人员安全性。

10）灵活的安装方式

安装方式包括落地安装、斜置安装、壁挂安装、倒置安装以及支架安装，有助于减少占地面积以及增加设备的有效应用，其中壁挂式安装的表现尤为显著。这些特点使工作站的设计更具创意，并且优化了各种工业领域。

2. 常用搬运工业机器人

常用的搬运工业机器人类型有SCARA机器人、关节式串联机器人、并联机器人和直角坐标机器人等。

1）SCARA 机器人

水平多关节机器人也称 SCARA 机器人,是一种圆柱坐标型的特殊类型的工业机器人。SCARA 机器人有 3 个旋转关节,其轴线相互平行,在平面内进行定位和定向。另一个关节是移动关节,用于完成末端工件在垂直于平面的运动。这种机器人在水平方向具有柔顺性,而在垂直方向则有较大的刚性。如图 2-1-1 所示为 SCARA 机器人。

图 2-1-1　SCARA 机器人

SCARA 机器人可以安装于需要高效率的装配、焊接、密封、搬运和码垛等众多应用,具有高刚性、高精度、高速度、安装空间小、设计自由度大的优点。它比多轴定位平台的工作循环时间短很多,大大提高了工作效率。由于组成的部件少,因此工作更加可靠,减少维护。此外还有吸顶和倒置安装型,方便安装于各种空间。它们具有绝对位置记忆,无须原点返回操作,节省了时间。用户可以用它们直接组成焊接机器人、点胶机器人、光学检测机器人、搬运机器人、装配机器人等,效率极高,占地还小,基本免维护。

2）关节式串联机器人

关节式串联机器人是使用较广泛的一种搬运机器人。常用的类型有 4 自由度关节机器人和 6 自由度的关节机器人。6 自由度的机器人具有较高的灵活性,能够运行到较大的空间范围,但载荷量较小。4 自由度的机器人运动范围较小,但是载荷量较大,适用于较重物体的固定范围的搬运和堆垛。如图 2-1-2 所示为关节式串联机器人。

图 2-1-2　关节式串联机器人

3）并联机器人

并联机器人属于高速、轻载的机器人,一般通过示教编程或视觉系统捕捉目标物体,由 3 个并联的伺服轴确定抓具中心（TCP）的空间位置,实现目标物体的运输和加工等操作。

并联机器人主要应用于食品、药品和电子产品等加工、装配。并联机器人以其重量轻、体积小、运动速度快、定位精确、成本低、效率高等特点,在市场上被广泛应用。如图 2-1-3 所示为并联机器人。

图 2-1-3　并联机器人

并联机器人工作站特点如下。

(1) 无累积误差,精度较高。

(2) 驱动装置可置于定平台上或接近定平台的位置,这样运动部分重量轻、速度高、动态响应好。

(3) 结构紧凑、刚度高、承载能力大。

(4) 完全对称的并联机构具有较好的各向同性。

(5) 工作空间较小。

根据这些特点,并联机器人在需要高刚度、高精度或者大载荷而无须很大工作空间的领域内得到了广泛应用。

4) 直角坐标机器人

直角坐标机器人是能够实现自动控制的、可重复编程的、多自由度的、运动自由度建成空间直角关系的、多用途的操作机器人。直角坐标机器人通过在空间三个相互垂直的 X、Y、Z 方向做移动运动,构成一个直角坐标系,运动是独立的(有 3 个自由度),其动作空间为一长方体,如图 2-1-4 所示。特点是控制简单、运动直观性强、易达到高精度,但操作灵活性差、运动的速度较低、操作范围较小而占据的空间相对较大。

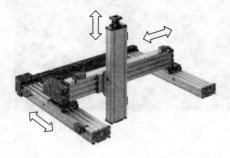

图 2-1-4　直角坐标机器人

2.1.2 认识搬运工业机器人

1. ABB IRB 120 机器人

1）机器人本体

IRB 120 是 ABB 机器人部 2009 年 9 月推出的最小机器人和速度最快的 6 轴机器人，是由 ABB（中国）机器人研发团队首次自主研发的一款新型机器人，IRB 120 是 ABB 新型第四代机器人家族的最新成员。IRB 120 具有敏捷、紧凑、轻量的特点，控制精度与路径精度俱佳，是物料搬运与装配应用的理想选择。如图 2-1-5 所示是 IRB 120 机器人的工作范围，技术参数见表 2-1-1。

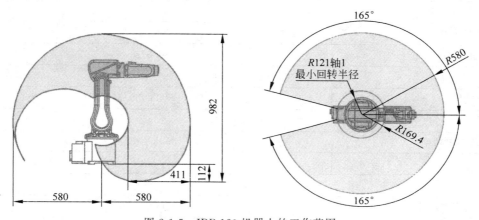

图 2-1-5　IRB 120 机器人的工作范围

表 2-1-1　IRB 120 机器人的技术参数

规　　格			
型　　号	工作范围	有效载重	手臂荷重
IRB 120-3/0.6	580mm	3kg（垂直腕为 4kg）	0.3kg
特　　性			
集成信号源	手腕设 10 路信号		
集成气源	手腕设 4 路气路（5 bar）		
重复定位精度	0.01mm		
机器人安装	任意角度		
防护等级	IP30		
控制器	IRC 5 紧凑型/IRC 5 单柜或面板嵌入式		
运　　动			
轴　运　动	工作范围	最大速度	
轴 1 旋转	$-165°\sim165°$	250°/s	
轴 2 手臂	$-110°\sim110°$	250°/s	

续表

运 动		
轴 运 动	工 作 范 围	最 大 速 度
轴 3 手臂	$-90°\sim70°$	$250°/s$
轴 4 手腕	$-160°\sim160°$	$320°/s$
轴 5 弯曲	$-120°\sim120°$	$320°/s$
轴 6 翻转	$-400°\sim400°$	$420°/s$

性能（1kg 拾料节拍）	
25mm×300mm×25mm	0.58s
TCP 最大速度	6.2m/s
TCP 最大加速度	$28m/s^2$
加速时间（0→1m/s）	0.07s

电 气 连 接	
电源电压	$200\sim600V,50/60Hz$

额 定 功 率	
变压器额定功率	3.0kV·A
功耗	0.25kW

物 理 特 性	
机器人底座尺寸	180mm×180mm
机器人高度	700mm
重量	25kg

环境（机械手环境温度）	
运行中	$5\sim45℃$
运输与储存	$-25\sim55℃$
短期	最高为 70℃
相对湿度	最高为 95%
噪声水平	最高为 70dB(A)
安全性	安全停、紧急停，2 通道安全回路监测，3 位启动装置
辐射	EMC/EMI 屏蔽

ABB IRB 120 机器人特点如下。

（1）紧凑轻量。作为 ABB 目前最小的机器人，IRB 120 在紧凑空间内凝聚了 ABB 产品系列的全部功能与技术。其重量减至仅 25kg，结构设计紧凑，几乎可安装在任何地方，比如工作站内部、机械设备上方或生产线上其他机器人的近旁。

（2）用途广泛。IRB 120 广泛适用于电子、食品饮料、机械、太阳能、制药、医疗、研究等领域，进一步增强了 ABB 新型第四代机器人家族的实力。

采用白色涂层的洁净室 ISO 5 级机型，适用于高标准洁净生产环境，开辟了全新应用领域。

这款 6 轴机器人最高荷重 3kg(手腕垂直向下时为 4kg),工作范围达 580mm,能通过柔性(非刚性)自动化解决方案执行一系列作业。IRB 120 是实现高成本效益生产的完美之选,在有限的生产空间其优势尤为明显。

(3) 易于集成。IRB 120 仅重 25kg,出色的便携性与集成性,使其成为同类产品中的佼佼者。该机器人的安装角度不受任何限制。机身表面光洁,便于清洗;空气管线与用户信号线缆从底脚至手腕全部嵌入机身内部,易于机器人集成。

(4) 优化工作范围。除水平工作范围达 580mm 以外,IRB 120 还具有一流的工作行程,底座下方拾取距离为 112mm。IRB 120 采用对称结构,第 2 轴无外凸,回转半径极小,可靠近其他设备安装,纤细的手腕进一步增强了手臂的可达性。

(5) 快速、精准、敏捷。IRB 120 配备轻型铝合金马达,结构轻巧、功率强劲,可实现机器人高加速运行,在任何应用中都能确保优异的精准度与敏捷性。

(6) 缩小占地面积。紧凑化、轻量化的 IRB 120 机器人与 IRC 5 紧凑型控制器这两种新产品的完美结合,明显缩小了占地面积,最适合空间紧张的场合应用。

2) ABB IRC 5 控制柜

紧凑型控制器高度浓缩了 IRC 5 的顶尖功能,将以往大型设备"专享"的精度与运动控制引入了更广阔的应用空间。除节省空间之外,新型控制器还通过设置单相电源输入、外置式信号接头(全部信号)及内置式可扩展 16 路 I/O 系统,简化了调试步骤。紧凑型 IRC 5 控制柜如图 2-1-6 所示。

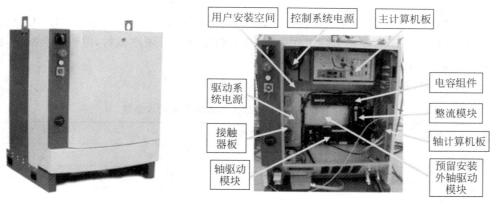

图 2-1-6　紧凑型 IRC 5 控制柜

2. 安川 MH6 机器人

安川 MH6 机器人是由日本安川公司(YASKAWA)开发的用于工业领域的机器人,广泛应用于搬运、码垛、焊接、浇铸、涂胶、取放、水刀切割、灌注等工业领域。它拥有 6 个自由度,使用高精度伺服电机驱动,在一定工作范围中可以像人的手臂一样灵活、准确地运动。它拥有 40 个通用 I/O 接口,单个机器人可同时与多个外部设备配套,同时也可以多个机器人共同协作运动,高效而准确地完成各种复杂的工序,极大地提高了工业生产的效率和精度。

1）机器人本体

MH6 机器人本体由 6 个高精密伺服电机按特定关系组合而成，如图 2-1-7 所示。

本体的 6 个伺服电机分别控制机器人的 S、L、U、R、B、T 各轴的运动，6 轴的位置及运动方向如图 2-1-8 所示。

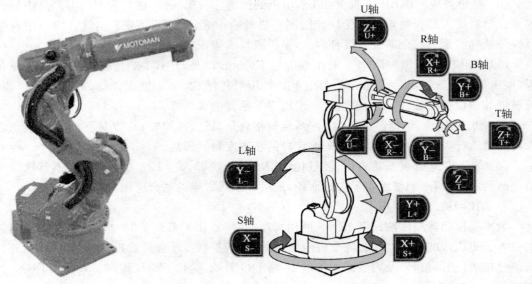

图 2-1-7　安川 MH6 机器人本体　　　　图 2-1-8　6 轴的位置及运动方向

为了避免各轴运转过度导致设备损坏，各轴均有限位设置，控制箱本身程序中已设置软限位，该限位略小于硬限位。实际工作中，当设备将要运行至硬限位时，电机将会减速，到软限位时停止并提示"超出运动范围"。

安川 MH6 机器人本体的主要技术参数见表 2-1-2。

表 2-1-2　安川 MH6 机器人本体的主要技术参数

安装方式	地面、壁挂、倒挂	
自由度	6	
负载	6kg	
垂直可达距离	2486mm	
水平可达距离	1422mm	
重复定位精度	±0.08mm	
最大动作范围	S 轴（旋转）	$-170°\sim+170°$
	L 轴（下臂）	$-90°\sim+150°$
	U 轴（上臂）	$-175°\sim+250°$
	R 轴（手腕旋转）	$-180°\sim+180°$
	B 轴（手腕摆动）	$-45°\sim+225°$
	T 轴（手腕回转）	$-360°\sim+360°$

续表

最大速度	S轴（旋转）	220°/S
	L轴（下臂）	200°/S
	U轴（上臂）	220°/S
	R轴（手腕旋转）	410°/S
	B轴（手腕摆动）	410°/S
	T轴（手腕回转）	610°/S
容许力矩	R轴（手腕旋转）	11.8N·m
	B轴（手腕摆动）	9.8N·m
	T轴（手腕回转）	5.9m
主体重量	130kg	
电源容量	1.5kV·A	

2）控制柜

机器人控制柜 DX100 主要由主控、伺服驱动、内置 PLC 等部分组成。除了控制机器人动作外，还可以实现输入/输出控制等。

主控部分按照示教编程器提供的信息，生成工作程序，并对程序进行运算，发出各轴的运动指令，交给伺服驱动；伺服驱动部分将从主控来的指令进行处理，产生伺服驱动电流，驱动伺服电机；内置 PLC 则主要进行输入/输出控制。

DX100 控制柜规格见表 2-1-3。

表 2-1-3　DX100 控制柜规格

控制柜本体	构成	立式安装、密闭型
	冷却方式	间接冷却
	周围温度	0～+45℃（运行时）；-10～+60℃（运输、保管时）
	相对湿度	10%～90%、没有结露
	电源	三相 AC200V/220V（+10%～-15%）60Hz（±2%）
	接地	D种接地（电阻 100Ω以下）；专用接地
	输入输出信号	专用信号（硬件）输入：23、输出：5；通用信号（标准最大）输入：40、输出：40（三极管输出：32、继电器输出：8）
	位置控制方式	并行通信方式（绝对值编码器）
	驱动单元	交流（AC）伺服电机的伺服单元
	加速度/负加速度	软件伺服控制
	存储容量	200000 程序点、10000 机器人命令

DX100 由单独的部件和功能模块（多种基板）组成。出现故障后的失灵元件通常可容易地用部件或模块来进行更换。DX100 的部件和基板配置如图 2-1-9 所示。

（1）电源接通单元（JZRCR-YPU01-1）

电源接通单元是由电源接通顺序基板（JANCD-NTU）和伺服电源接触器（1KM，2KM）以及线路滤波器（1Z）组成，如图 2-1-10 所示。

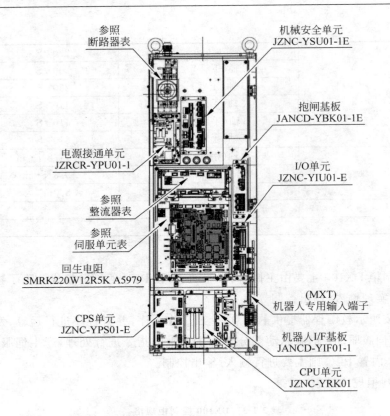

图 2-1-9　DX100 的部件和基板配置

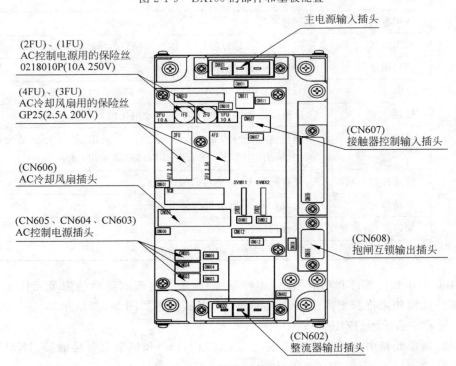

图 2-1-10　电源接通单元的构成

电源接通单元根据来自电源接通顺序基板的伺服电源控制信号的状态,打开或关闭伺服电源接触器,供给伺服单元电源(三相交流 200～220V)。电源接通单元经过线路滤波器对控制电源供给电源(单相交流 200～220V)。

(2) 基本轴控制基板(SRDA-EAXA01A)

基本轴控制基板(SRDA-EAXA01A)控制机器人 6 个轴的伺服电机,它也控制整流器、PWM 放大器和电源接通单元的电源接通顺序基板,如图 2-1-11 所示。

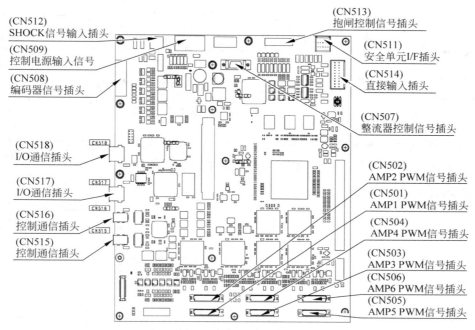

图 2-1-11　基本轴控制基板的组成

通过安装选项的外部轴控制基板(SRDA-AXB01A),可控制最多 9 个轴(包含机器人轴)的伺服电机。

基本轴控制基板除机器人基本轴的控制之外,还具有通过防碰撞传感器(SHOCK)防止机器人发生碰撞事故的功能。防碰撞传感器的连接有直接连接、机器人内部电缆连接两种方法。

① 直接连接防碰撞传感器的信号线

直接连接防碰撞传感器的信号线的步骤如下。

a. 在基本轴控制基板 EAXA-CN512(动力插头)里,用端子销子把短路连接的"SHOCK－"和"SHOCK＋"销子拆开。

b. 把拆下来的端子销"SHOCK－"和"SHOCK＋"分别和碰撞传感器的信号线连接。

直接连接防碰撞传感器的线路如图 2-1-12 所示。

② 用机器人内部电缆连接防碰撞传感器

用机器人内部电缆连接防碰撞传感器的步骤如下。

a. 在基本轴控制基板 EAXA-CN512(动力插头)里,用端子销子把短路连接的"SHOCK－"和"SHOCK＋"销子拆开。

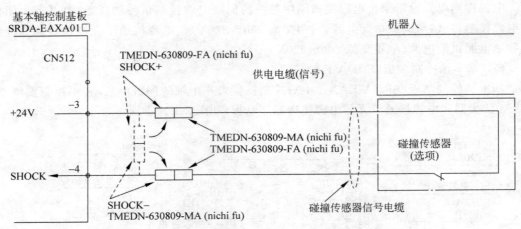

图 2-1-12　直接连接防碰撞传感器的线路

　　b. 把分开的"SHOCK－"插头和机器人的机内防碰撞传感器信号线的"SHOCK－"连接。用机器人内部电缆连接防碰撞传感器的线路如图 2-1-13 所示。

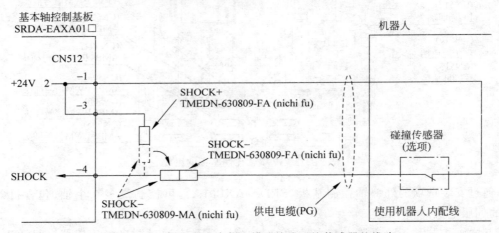

图 2-1-13　用机器人内部电缆连接防碰撞传感器的线路

　　因为防碰撞传感器是选项,所以标准配置机器人的机内防碰撞传感器电缆没有连接防碰撞传感器。

　　当使用防碰撞传感器输入信号时,可规定机器人的停止方法,有暂停和急停两种。停止方法的选择可使用示教编程器,通过屏幕来操作。

　　(3) CPU 单元(JZNC-YRK01-1E)

　　① CPU 单元的构成

　　CPU 单元是由控制器电源基板与基板架、控制基板、机器人 I/F 单元和轴控制基板组成,如图 2-1-14 所示。

　　有些 CPU 单元 JZNC-YRK01-1E 里,只含有基板和控制基板,不含有机器人 I/F 单元。

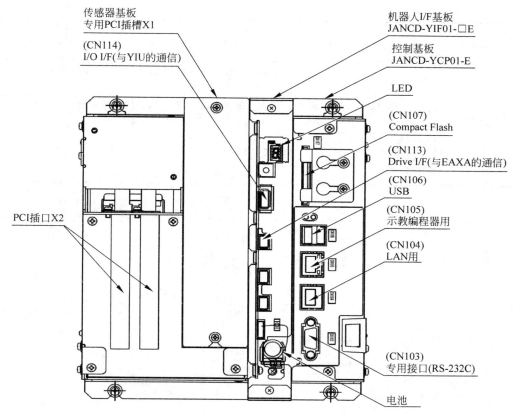

图 2-1-14 CPU 单元(JZNC-YRK01-1E)

② CPU 单元内的单元基板

a. 控制基板(JANCD-YCP01)

控制基板用于控制整个系统、示教编程器上的屏幕显示、操作键的管理、操作控制、插补运算等。它具有 RS-232C 串行接口和 LAN 接口(100BASE-TX/10BASE-T)。

b. 机器人 I/F 单元(JZNC-YIF01-□E)

机器人 I/F 单元是对机器人系统的整体进行控制,控制基板(JANCD-YCP01)是用背板的 PCI 母线 I/F 连接,基本轴控制基板(SRDA-EAXA01A)是用高速并行通信连接的。

(4) CPS 单元(JZNC-YPS01-E)

CPS 单元(JZNC-YPS01-E)是提供控制用的(系统、I/O、控制器)的 DC 电源(DC5V、DC24V),另外还备有控制单元的 ON/OFF 的输入。其结构如图 2-1-15 所示。

CPS 单元(JZNC-YPS01-E)的技术参数及相关指示灯状态含义见表 2-1-4。

表 2-1-4 CPS 单元(JZNC-YPS01-E)的技术参数及相关指示灯状态含义

项 目	规 格
交流输入	额定输入电压:AC200/220V(AC170~242V);频率:(50/60±2)Hz(48~62Hz)
输出电压	DC+5V/DC+24V(24V1:系统用、24V2:I/O 用、24V3:控制器用)

续表

项　目	规　格		
	显　示	颜色	状　态
监视器显示	SOURC E	绿	有输入电源,灯亮;内部充电部分的放电结束,灯灭(输入电源,供给状态)
	POWER ON	绿	PWR_OK 输入信号 ON 时,灯灭(电源输出状态)
	+5V	红	+5V 过电流,灯亮(+5V 异常)
	+24V	红	+24V 过电流,灯亮(+24V 异常)
	FAN	红	FAN 异常,灯亮
	OHT	红	内部异常温度上升,灯亮

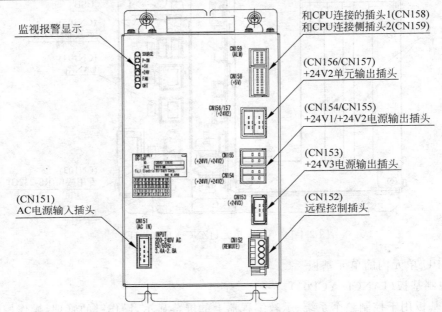

图 2-1-15　CPS 单元(JZNC-YPS01-E)

(5) 断路器基板(JANCD-YBK01-□E)

断路器基板是根据从基本轴控制基板(SRDA-EAXA01)的指令信号,对机器人轴以及外部轴共计 9 个轴的断路器进行控制,如图 2-1-16 所示。

(6) I/O 单元(JZNC-YIU01-E)

I/O 单元(JZNC-YIU01-E)用于通用型数字输入/输出,有 4 个插头 CN306～CN309,如图 2-1-17 所示。I/O 单元共有输入/输出点数 40/40 点,根据用途不同,有专用输入/输出和通用输入/输出两种类型。

专用输入/输出是预先分配好的,用于已经定义的信号。当外部操作设备(如固定夹具控制柜、集中控制柜等)作为系统来控制机器人及相关设备时,要使用专用输入/输出。

通用输入/输出主要是在机器人的操作程序中使用,作为机器人和周边设备的即时信号。

JZNC-YIU01-E CN308 为专用输入/输出信号插头,如图 2-1-18 所示。图中逻辑编号为 20010 的信号端,与 CN08 的 B1 针连接,信号性质为数字输入,功能为"外部启动",即用外部信号控制机器人的启动。

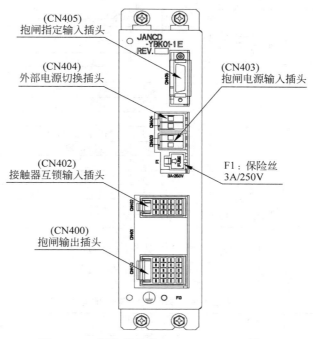

图 2-1-16 断路器基板(JANCD-YBK01-□E)

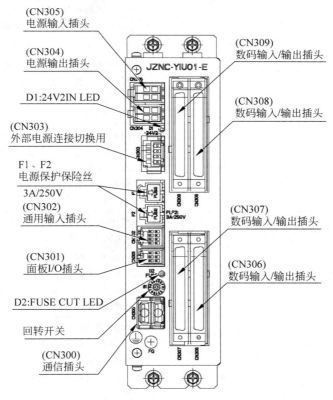

图 2-1-17 I/O 单元(JZNC-YIU01-E)

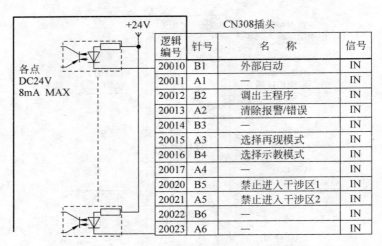

图 2-1-18　JZNC-YIU01-E CN308 I/O 信号

常用输入/输出信号见表 2-1-5。

表 2-1-5　常用输入/输出信号

插座号	针号	逻辑编号	信号	名　　称	功　　能
CN308	B1	20010	IN	外部启动	与再现操作盒的"启动"键一样,具有同样的功能。此信号只有上升沿有效时,才使机器人开始运转(再现)。但是在再现状态下如禁止外部启动,则此信号无效。该设定在操作条件画面进行
	A2	20013		删除报警/错误	发生报警或错误时(在排除了主要原因的状态下),此信号接通后可解除报警及错误的状态
	B8	30010		运行中	告知程序为工作状态(程序处于工作中、等待预约启动状态、试运转中),这个信号状态与再现操作盒的"启动"键一样
	A8	30011		伺服接通	告知伺服系统已接通,内部处理过程(如创建当前位置)已完成,进入可以接收启动命令的状态。伺服电源切断后,该信号也进入切断状态。使用该信号可判断出使用外部启动功能时 DX100 的当前状态
	A9	30013	OUT	发生报警/错误	通知发生了报警及错误。另外,发生重大故障报警时,此信号接通直到切断电源为止
	B10	30014		电池报警	此信号接通表明存储器备份用的电池及编码器备份用的电池电压已下降,需更换电池。如因为电池耗尽使存储数据丢失,将会引发重大问题。为了避免产生此情况,推荐使用此信号作为警示信号
	A10	30015		选择远程模式	告知当前设定的模式状态为"远程模式"。与示教编程器的模式选择开关同步
	B13	30022		作业原点	当前的控制点在作业原点立方体区域时,此信号接通。依此可以判断出机器人是否在可以启动生产线的位置上

（7）机械安全单元（JZNC-YSU01-1E）

机械安全单元如图 2-1-19 所示。内有 2 重化处理回路的安全信号，对外部过来的安全信号进行 2 重化处理，根据条件控制接通电源单元（JZRCR-YRU）的伺服电源的开关。

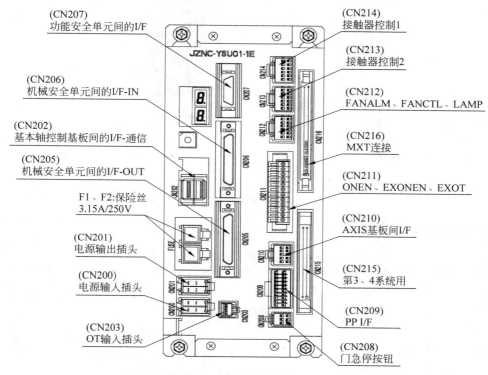

图 2-1-19　机械安全单元

机械安全单元拥有的主要功能见表 2-1-6。

表 2-1-6　机械安全单元的主要功能

功　　能	备　　注
机器人专用输入回路	安全信号 2 重化
输入伺服接通安全（ONEN）输入回路（2 重化）	2 重化
超程（OT、EXOT）输入回路	2 重化
示教编程器信号 PPESP、PPDSW 其他输入回路	安全信号 2 重化
接触器控制信号输出回路	2 重化
急停信号输入回路	2 重化

（8）机器人专用输入端子台（MXT）

机器人专用输入端子台（MXT）是机器人专用信号输入的端子台，此端子台（MXT）安装在 DX100 右侧的下面。

机器人专用输入端子台（MXT）如图 2-1-20 所示。

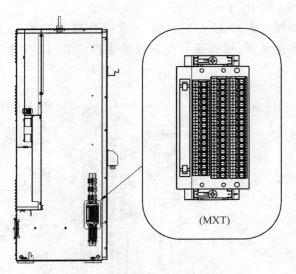

图 2-1-20　机器人专用输入端子台（MXT）

机器人专用输入端子台（MXT）信号名称及功能见表 2-1-7。

表 2-1-7　机器人专用输入端子台（MXT）信号名称及功能

信号名称	连接编号（MXT）	双路输入	功　　能	出厂设定
EXESP1＋	－19		外部急停	
EXESP1－	－20	○	用来连接一个外部操作设备的外部急停开关。如果输入此信号，则伺服电源切断并且程序停止执行，同时伺服电源不能被接通	用跳线短接
EXESP2＋	－21			
EXESP2－	－22			
SAFF1＋	－9		安全插销	
SAFF1－	－10	○	如果打开安全栏的门，用此信号切断伺服电源。连接安全栏门上的安全插销的联锁信号。如输入此联锁信号，则切断伺服电源。当此信号接通时，伺服电源不能被接通。但这些信号在示教模式下无效	用跳线短接
SAFF2＋	－11			
SAFF2－	－12			
FST1＋	－23		维护输入（全速测试）	
FST1－	－24	○	在示教模式下的测试运行时，解除低速极限。短路输入时，测试运行的速度是示教时的100％速度。输入打开时，在 SSP 输入信号的状态下，选择第 1 低速（16％）或者选择第 2 低速（2％）	打开
FST2＋	－25			
FST2－	－26			

续表

信号名称	连接编号(MXT)	双路输入	功　　能	出厂设定
SSP+	—27	—	选择低速模式	用跳线短接
SSP—	—28		在这个输入状态下,决定了 FST(全速测试)打开时的测试运行速度。打开时:第 2 低速(2%);短路时:第 1 低速(16%)	
EXSVON+	—29	—	外部伺服使能	打开
EXSVON—	—30		连接外部控制信号,接通时,机器人伺服接通	
EXHOLD+	—31	—	外部暂停	用跳线短接
EXHOLD—	—32		用来连接一个外部操作设备的暂停开关。如果输入此信号,则程序停止执行。当输入该信号时,不能进行启动和轴操作	
EXDSW1+	—33	○	外部安全开关	用跳线短接
EXDSW1—	—34			
EXDSW2+	—35		当两人进行示教时,为没有拿示教编程器的人连接一个安全开关	
EXDSW2—	—36			

(9) 伺服单元(SRDA-MH6)

伺服单元由变频器及 PWM 放大器构成,变频器和 PWM 放大器是同一单元的是一种类型,变频器和 PWM 放大器分开的是另一种类型。

伺服单元的构成如图 2-1-21 所示。

3) 安川机器人的远程控制

当外部操作设备作为系统来控制机器人运行时,需要将示教器的模式选择开关旋转到 REMOTE,即远程模式,然后利用 DX100 I/O 单元中的专用输入/输出信号对机器人进行控制。

(1) 外部设备控制机器人信号时序。

外部设备启动、停止机器人时,在信号的时序上有一定的要求,如图 2-1-22 所示。

图 2-1-22 中输入信号为上升沿有效,但 T 要保持在 100ms 以上。

当"伺服关闭"信号闭合并保持在 100ms 以上时,机器人伺服电源接通;在伺服电源已接通的前提下,当"外部启动"信号闭合并保持在 100ms 以上时,机器人运行。

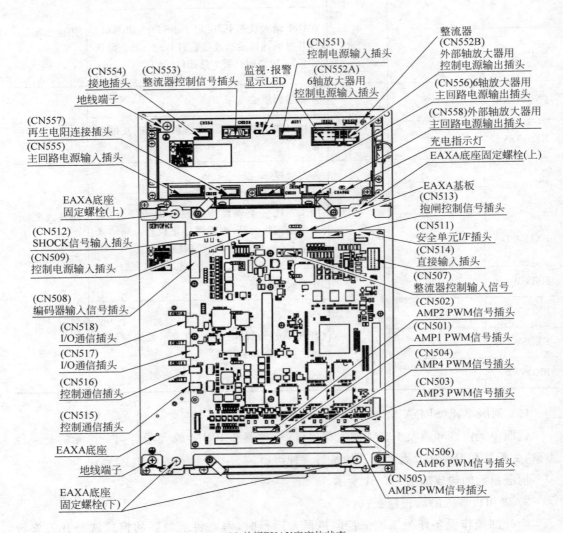

(a) 关闭EXAX底座的状态

图 2-1-21 MH6 伺服单元的构成

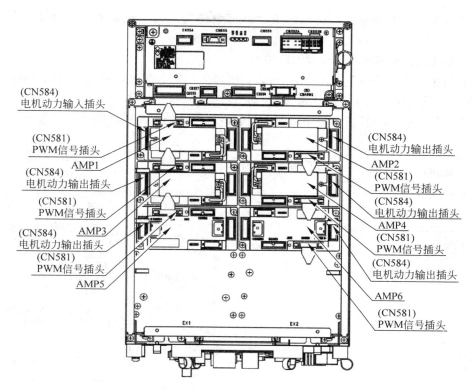

(b) 打开EXAX底座的状态

图　2-1-21（续）

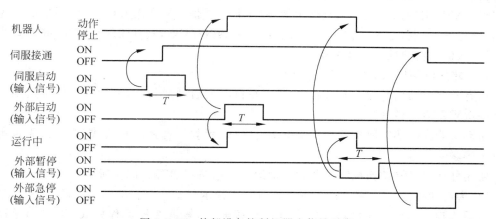

图 2-1-22　外部设备控制机器人信号时序

当机器人在运行状态下,"外部暂停"打开并保持在 100ms 以上时,机器人运行停止,但伺服依然保持接通。

当机器人在伺服接通或运行状态下,"外部急停"打开时,机器人运行停止,同时伺服断电。

(2) 外部设备控制机器人伺服电源接通。

只有伺服接通信号的上升沿有效,所以在机器人伺服电源接通后,必须取消伺服接通信号,为下一次重新接通伺服电源做准备。

使用外部"伺服接通"按钮控制机器人伺服电源接通的电路图如图 2-1-23 所示。

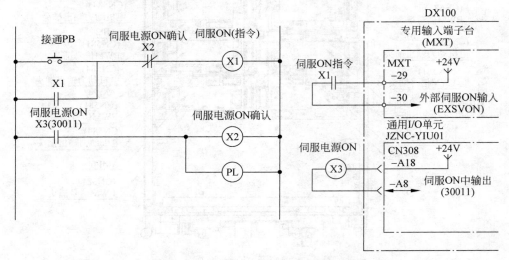

图 2-1-23　使用外部"伺服接通"按钮控制机器人伺服电源接通的电路图

PB 为伺服接通按钮,X1、X2、X3 为继电器,PL 为指示灯。

伺服电源接通过程:按下 PB,X1 得电自锁,专用输入端子台 MXT 的外部伺服 ON 输入端子 EXSVON 接通,机器人伺服电源接通,其反馈信号从通用 I/O 单元 CN308 的 A8 端输出,继电器 X3 得电,X3 的常开触点闭合,继电器 X2 得电,其常闭触点断开,继电器 X1 断电,机器人伺服电源接通过程结束。

(3) 外部设备控制机器人启动运行。

只有外部启动信号的上升沿有效,所以在机器人启动运行后,必须取消外部启动信号,为下一次重新启动做准备。

启动机器人时还需要机器人伺服电源已接通、示教器选择远程模式、机器人无报警/错误发生等联锁信号。

使用外部"启动"按钮控制机器人启动运行的电路图如图 2-1-24 所示。

PB 为启动按钮,X4、X5、X6 为继电器,PL 为指示灯。

机器人启动过程:在机器人伺服电源已接通、示教器选择远程模式、机器人无报警/错误发生的前提下,按下 PB,X4 得电自锁,通用 I/O 单元 CN308 的 B1"外部启动"端接通,机器人启动,其反馈信号"运行中"从通用 I/O 单元 CN308 的 B18 端输出,继电器 X6 得电,X6 的常开触点闭合,继电器 X5 得电,其常闭触点断开,继电器 X4 断电,机器人启动过程结束。

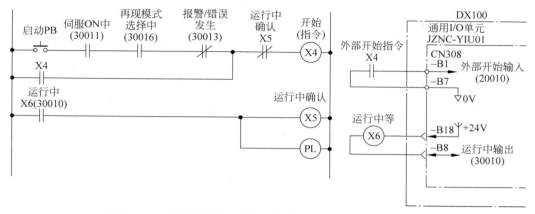

图 2-1-24　使用外部"启动"按钮控制机器人启动运行的电路图

（4）外部设备控制机器人急停。

机器人专用输入端子台（MXT）的 EXESP 信号端用于连接外部设备的急停开关，当急停开关断开时，机器人伺服电源被切断，并停止执行程序。当急停信号输入时，伺服电源不能被接通。当急停信号输入时，不能进行启动和轴操作。外部急停电路图如图 2-1-25 所示。

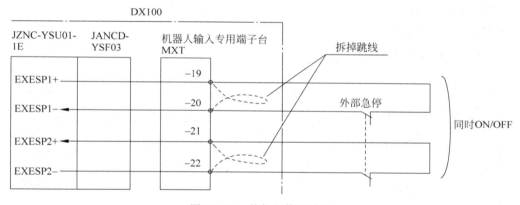

图 2-1-25　外部急停电路图

在使用外部急停功能时，务必拆下 MXT 的跳线，如不拆下跳线，即使有外部急停信号输入，也不起作用，并且还可能因此造成设备损坏或死伤事故。

（5）外部设备控制机器人暂停。

机器人专用输入端子台（MXT）的 EXHOLD 信号端用于连接外部设备的暂停开关，当暂停开关断开时，机器人停止执行程序，但伺服电源仍保持接通。外部暂停电路图如图 2-1-26 所示。

在使用外部暂停功能时，务必拆下 MXT 的跳线，如不拆下跳线，即使输入信号，外部暂停信号也不起作用，并且因此还可能造成设备损坏或人身伤害。

（6）I/O 使用外部电源的接线。

在标准配置中，I/O 电源由内部电源给定。约 1.5A 的 DC24V 内部电源可供输入/输出使用。使用中若超出 1.5A 电流时，应使用 24V 的外部电源，并保持内部回路与外部回路的绝缘。为了避免电力噪声带来的问题，应将外部电源安装在 DX100 的外面。

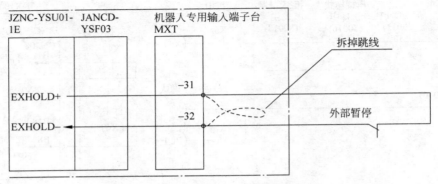

图 2-1-26　外部暂停电路图

在使用内部电源（CN303-1 至 CN303-3，CN303-2 至 CN303-4 短接的状态）时，不要把外部电源线与 CN303-3、CN303-4 相连。如果外部电源与内部电源混流，则 I/O 单元可能会发生故障。

若使用外部电源，按照以下的顺序进行连接。

（1）拆下连接机器人 I/O 单元的 CN303-1 至 CN303-3 和 CN303-2 至 CN303-4 之间的配线。

（2）把外部电源＋24V 接到 I/O 单元的 CN303-1 上，0V 连接到 CN303-2 上。

I/O 使用内、外部电源的接线图如图 2-1-27 所示。

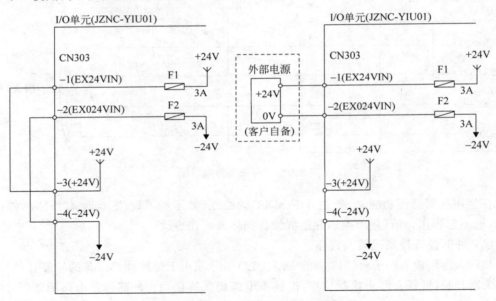

图 2-1-27　I/O 使用内、外部电源的接线图

2.2　认识搬运工作站

2.2.1　搬运工作站简介

搬运工作
站简介

搬运作业是指用一种设备握持工件，从一个加工位置移到另一个加工位置的过程。如

果采用工业机器人来完成这个任务,整个搬运系统则构成了工业机器人搬运工作站。给搬运机器人安装不同类型的末端执行器,可以完成不同形态和状态的工件搬运工作,大大减轻了人类繁重的体力劳动。

1. 搬运工作站特点

(1) 应有物品的传送装置,其形式要根据物品的特点选用或设计。

(2) 可使物品准确地定位,以便于机器人抓取。

(3) 多数情况下设有物品托板,或机动或自动地交换托板。

(4) 有些物品在传送过程中还要经过整型,以保证码垛质量。

(5) 要根据被搬运物品设计专用末端执行器。

(6) 应选用适合于搬运作业的机器人。

2. 常见搬运工作站

1) 在加工中心上散装工件的搬运工作站

散装工件是指没有排序的待加工的工件,如

图 2-2-1 所示。因此,机器人抓手在取件过程中会遇到很多困难。具有内置视觉感测功能的机器人将散装工件取出时,不需要工件排序装置,可以减少加工场地和设备投入。

图 2-2-1 在加工中心上散装工件的搬运工作站

2) 板材折弯的搬运工作站

如图 2-2-2 所示,板材折弯的搬运工作站组成如下。

(1) 以 PC 为基础的机器人控制系统。

(2) 真空吸持器、气动工作吸盘。

(3) 货盘架。

(4) 上下料输送装置。

(5) 控制系统监测。

(6) 控制器。

(7) 电器柜。

(8) 安全围栏及安全门。

3) 冲压件搬运工作站

如图 2-2-3 所示,冲压加工是借助于常规或专用冲压设备的动力,使板料在模具里直接受到变形力并进行变形,从而获得一定形状、尺寸和性能的产品零件的生产技术。生产中为满足冲压零件形状、尺寸、精度、批量、原材料性能等方面的要求,采用多种多样的冲压加工方法。

因此,冲压加工的节拍快、加工尺寸范围较大、冲压件的形状较复杂,所以工人的劳动强度大,并且容易发生工伤。

冲压件工作站的周边设备:①机器人行走导轨;②真空吸盘;③工件输送装置;④供料仓;⑤系统总控制柜;⑥安全围栏;⑦安全门开关。

图 2-2-2　板材折弯的搬运工作站

图 2-2-3　冲压件搬运机器人

2.2.2　搬运工作站的工作任务

搬运工作站由搬运工业机器人与输送线构成,输送线由变频器驱动三相交流异步电动机拖动,速度 1000r/min,电机额定功率 1kW、额定转速 1450r/min;机器人末端执行器及工件总质量 2kg;搬运距离小于 1m,回转角度小于 180°;输送线供料位有工件时,输送线启动;落料位有工件时,输送线停止并通知机器人搬运;系统设有机器人启动按钮和暂停按钮;机器人暂停后,重新按启动按钮机器人继续工作。

2.2.3　搬运工作站的组成

工业机器人搬运工作站由工业机器人系统、PLC 控制柜、机器人安装底座、输送线系统、平面仓库、安全围栏等组成。如图 2-2-4 所示为机器人搬运工作站整体布局图。

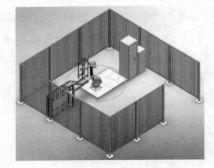

图 2-2-4　机器人搬运工作站整体布局图

1. 搬运机器人系统

安川 MH6 机器人是通用型工业机器人,既可以用于弧焊又可以用于搬运。搬运工作站选用安川 MH6 机器人完成工件的搬运工作。

MH6 机器人系统包括 MH6 机器人本体、DX100 控制柜以及示教编程器。DX100 控制柜通过供电电缆和编码器电缆与机器人连接。

1) MH6 机器人本体

搬运工作站机器人搬运的工件是平面板材,尺寸 380mm×270mm×5mm,质量≤1kg。所以采用真空吸盘夹持工件,且断电后吸紧的工件不会掉落。末端执行器的相关组件如电磁阀组、真空发生器、真空吸盘等装置安装在 MH6 机器人本体上,如图 2-2-5 所示。

搬运机器人末端执行器的设计如下。

末端执行器气动控制回路如图 2-2-6 所示(图中只画出了一组真空吸盘的控制气路,共二组)。

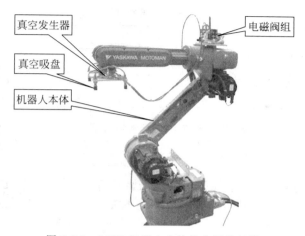

图 2-2-5 MH6 机器人本体及末端执行器

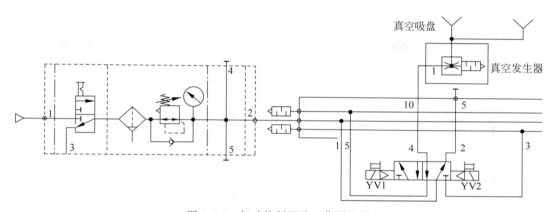

图 2-2-6 气动控制回路工作原理图

气动控制回路工作原理：当 YV1 电磁阀线圈得电时,真空吸盘吸工件；YV2 电磁阀线圈得电时,真空吸盘释放工件；当 YV1、YV2 电磁阀线圈都不得电时,保持原来的状态。电磁阀不能同时得电。

（1）电磁阀选型

① 形式选择。根据使用要求与使用条件,选择阀的形式：直动式还是先导式。

② 控制方式选择。根据使用的控制要求,选择阀的形式：气控、电控、人控或机械控制。

③ 阀的机能选择。按工作要求选择阀的机能：两位两通、两位三通、两位五通、三位五通；或是中封式、中泄式、中间加压式等。阀的机能见表 2-2-1。

④ 型号规格选择。根据使用的流量要求选择阀的型号、规格大小。

⑤ 安装方式选择。根据阀的安装要求选择安装方式：管接式、集装式。

⑥ 电气参数选择。根据实际使用要求选择阀的电气规格：电压、功率、出线形式。

机器人搬运工作站选择的电磁阀型号是亚德客公司的 4V120-M5,二位五通,双电控电磁阀,阀的具体规格、电气性能参数见表 2-2-2、表 2-2-3。

表 2-2-1　阀的机能

机　能	控　制　内　容	符号（先导式为例）
2 位置 单线圈	断电后,恢复原来位置	
2 位置 双线圈	某一侧供电时,则阀芯切换至该侧的位置,若断电,能保持断电前的位置	
3 位置（中位封闭） 双线圈	两侧同时不供电,供气口及气缸口同时封堵,气缸内的压力便不能排放出来	
2 位置（中位排气） 双线圈	两侧同时不供电,供气口被封堵,从气缸口向大气排放	
2 位置（中位加压） 双线圈	两侧同时不供电,供气口同时向两个气缸口通气	

表 2-2-2　4V120-M5 规格

工作介质	空气（经 $40\mu m$ 上滤网过滤）	保证耐用力/MPa	1.5
动作方式	先导式	工作温度/℃	$-20\sim70$
接口管径	进气＝出气＝M5	本体材质	铝合金
有效截面积/mm^2	5.5($C_v=0.31$)	润滑	不需要
位置数	五口二位	最高动作频率/（次/秒）	5
使用压力范围	$0.15\sim0.8MPa$	重量/g	175

表 2-2-3　4V120-M5 电气性能参数

项　目	具体参数
标准电压/V	DC24
使用电压范围/%	10
耗电量/W	2.5
保证等级	IP65
耐热等级	B 级
接电形式	DIN 插座式
励磁时间/s	0.05

　　末端执行器用了两个二位五通的双电控电磁阀。这两个电磁阀带有手动换向和加锁钮,有锁定（LOCK）和开启（PUSH）两个位置。加锁钮在 LOCK 位置时,手控开关向下凹进去,不能进行手控操作。只有在 PUSH 位置,可用工具向下按,信号为"1",等同于该侧的电磁信号为"1";常态时,手控开关的信号为"0"。在进行设备调试时,可以使用手控开关对阀进行控制,从而实现对相应气路的控制。

两个电磁阀是集中安装在汇流板上的。汇流板中两个排气口末端均连接了消声器,消声器的作用是减少压缩空气在向大气排放时的噪声。这种将多个阀与消声器、汇流板等集中在一起构成的一组控制阀的集成称为阀组,而每个阀的功能是彼此独立的。电磁阀组的结构如图 2-2-7 所示。

(2)真空吸盘的选择

选择真空吸盘应从以下几个方面考虑。

① 了解所吸工件的质量,确定吸盘的盘径($S=mg/P$)。

② 了解工作的面积,确定吸盘的盘径和用几个吸盘来吸。

③ 了解工作的材质和形状,确定用什么材质的吸盘和什么款式的吸盘。

真空吸盘有三种基本形状:扁平吸盘、波纹吸盘、具有特殊工作原理的吸盘。

机器人搬运工作站选择的真空吸盘为 SMC 的 ZPT25US-A6,盘径为 $\phi25$,扁平型、硅橡胶、外螺纹 M6×1。

真空吸盘如图 2-2-8 所示。

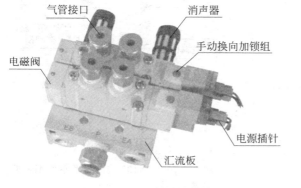

图 2-2-7　电磁阀组的结构

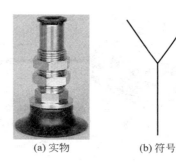

(a) 实物　　　　(b) 符号

图 2-2-8　真空吸盘

(3)真空发生器选型

真空发生器就是利用正压气源产生负压的一种新型、高效、清洁、经济、小型的真空元器件,这使在有压缩空气的地方,或在一个气动系统中同时需要正负压的地方,获得负压变得十分容易和方便。

真空发生器的工作原理是利用喷管高速喷射压缩空气,在喷管出口形成射流,产生卷吸流动。在卷吸作用下,喷管出口周围的空气不断地被抽吸走,使吸附腔内的压力降至大气压以下,形成一定真空度。

选择真空发生器应根据吸盘的直径、吸盘的个数、吸附物是否有泄漏性等几个方面考虑。

机器人搬运工作站真空发生器选择费斯托的 VAD-1/8,主要技术参数见表 2-2-4。

表 2-2-4　真空发生器的主要技术参数

喷射器特性	高度真空
气接口	G1/8(基准直径 9.728mm,螺距≈0.907mm)
拉伐尔气嘴公称通径/mm	0.5
最大真空度/%	80
工作压力/bar	1.5～10

真空发生器如图 2-2-9 所示。

2）DX100 控制柜

DX100 控制柜集成了机器人的控制系统，是整个机器人系统的神经中枢。它由计算机硬件、软件和一些专用电路构成，其软件包括控制器系统软件、机器人专用语言、机器人运动学及动力学软件、机器人控制软件、机器人自诊断及保护软件等。控制器负责处理机器人工作过程中的全部信息和控制其全部动作。

3）示教编程器

机器人示教编程器是操作者与机器人间的主要交流界面。操作者通过示教编程器对机器人进行各种操作、示教、编制程序，并可直接移动机器人。机器人的各种信息、状态通过示教编程器显示给操作者。此外，还可通过示教编程器对机器人进行各种设置。

DX100 控制柜及示教编程器如图 2-2-10 所示。

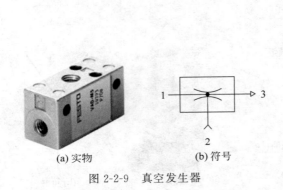
(a) 实物　　　　(b) 符号

图 2-2-9　真空发生器

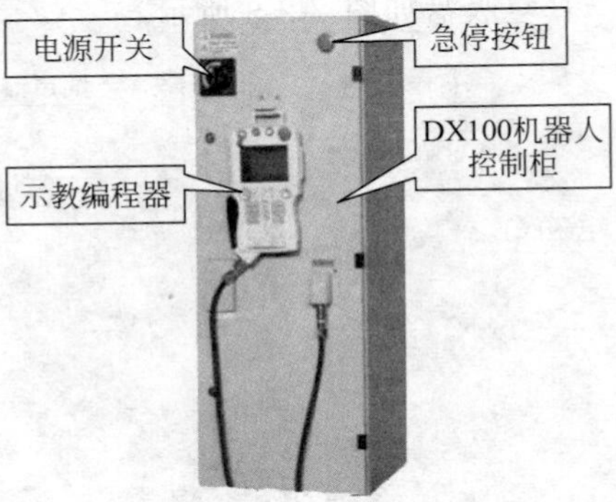

图 2-2-10　DX100 控制柜及示教编程器

2．输送线系统

输送线系统的主要功能是把上料位置处的工件传送到输送线的末端落料台上，以便于机器人搬运。

上料位置处装有光电传感器，用于检测是否有工件，若有工件，将启动输送线，输送工件。输送线末端的落料台也装有光电传感器，用于检测落料台上是否有工件，若有工件，将启动机器人进行搬运。

输送线系统如图 2-2-11 所示，由三相交流电动机拖动，变频器调速控制。

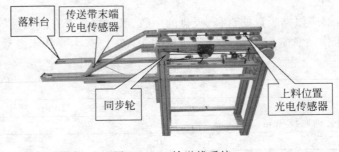

图 2-2-11　输送线系统

3. 平面仓库

平面仓库用于存储工件。平面仓库如图 2-2-12 所示。平面仓库有一个反射式光纤传感器用于检测仓库是否已满,若仓库已满将不允许机器人向仓库中搬运工件。

4. PLC 控制柜

PLC 控制柜用来安装断路器、PLC、变频器、中间继电器和变压器等元器件,其中 PLC 是机器人搬运工作站的控制核心。搬运机器人的启动与停止、输送线的运行等,均由 PLC 实现。PLC 控制柜内部图如图 2-2-13 所示。

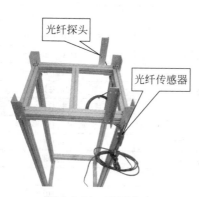

图 2-2-12　平面仓库

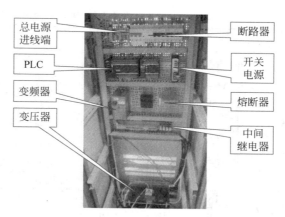

图 2-2-13　PLC 控制柜内部图

2.2.4　搬运工作站的工作过程

1. 通电前

设备通电前,系统处于初始状态,即输送线上料位置处及落料台上无工件、平面仓库里无工件;机器人选择远程模式、机器人在作业原点、无机器人报警错误、无机器人电池报警。

2. 按启动按钮后

按启动按钮,系统运行,机器人启动。

(1) 当输送线上料检测传感器检测到工件时启动变频器,将工件传送到落料台上,工件到达落料台时变频器停止运行,并通知机器人搬运。

(2) 机器人收到命令后将工件搬运到平面仓库,搬运完成后机器人回到作业原点,等待下次的搬运请求。

(3) 当平面仓库码垛了 7 个工件,机器人停止搬运,输送线停止输送。清空仓库后,按"复位"按钮,系统继续运行。

3. 运行中

(1) 在搬运过程中,若按"暂停"按钮,机器人暂停运行,按"复位"按钮,机器人继续运行。

(2) 在运行过程中一旦按下"急停"按钮,系统立即停止;"急停"按钮恢复后,按"复位"按钮进行复位,选择示教器为"示教模式",通过操作示教器使机器人回到作业原点。只有使系统恢复到初始状态,按"启动"按钮,系统才可重新启动。

2.3　搬运工作站的设计

2.3.1　搬运工作站硬件系统

1. 接口配置

PLC 选用 OMRON CP1L-M40DR-D 型,机器人本体选用安川 MH6 型,机器人控制器选用 DX100。根据控制要求,机器人与 PLC 的 I/O 接口分配见表 2-3-1。

表 2-3-1　机器人与 PLC 的 I/O 接口分配

插　　头		信 号 地 址	定义的内容	与 PLC 的连接地址
CN308	IN	B1	机器人启动	100.00
		A2	清除机器人报警和错误	101.01
	OUT	B8	机器人运行中	1.00
		A8	机器人伺服已接通	1.01
		A9	机器人报警和错误	1.02
		B10	机器人电池报警	1.03
		A10	机器人已选择远程模式	1.04
		B13	机器人在作业原点	1.05
CN306	IN	B1 IN♯(9)	机器人搬运开始	100.02
	OUT	B8 OUT♯(9)	机器人搬运完成	1.06

CN308 是机器人的专用 I/O 接口,每个接口的功能是固定的,如 CN308 的 B1 输入接口,其功能为"机器人启动",当 B1 口为高电平时,机器人启动运行,开始执行机器人程序。

CN306 是机器人的通用 I/O 接口,每个接口的功能由用户定义,如将 CN306 的 B1 输入接口(IN9)定义为"机器人搬运开始",当 B1 口为高电平时,机器人开始搬运工件。

CN307 也是机器人的通用 I/O 接口,每个接口的功能由用户定义,如将 CN307 的 B8、A8 输出接口(OUT17)定义为吸盘 1、2 吸紧功能,当机器人程序使 OUT17 输出为 1 时,YV1 得电,吸盘 1、2 吸紧。CN307 的接口功能定义见表 2-3-2。

表 2-3-2　CN307 的接口功能定义

插头	信 号 地 址	定义的内容	负　载
CN307	A8(OUT17+)/B8(OUT17−)	吸盘 1、2 吸紧	YV1
	A9(OUT18+)/B9(OUT18−)	吸盘 1、2 松开	YV2
	A10(OUT19+)/B10(OUT19−)	吸盘 3、4 吸紧	YV3
	A11(OUT20+)/B11(OUT20−)	吸盘 3、4 松开	YV4

MXT 是机器人的专用输入接口,每个接口的功能是固定的。如 EXSVON 为机器人外部伺服 ON 功能,当 29、30 间接通时,机器人伺服电源接通。搬运工作站所使用的 MXT 接口信号见表 2-3-3。

表 2-3-3　MXT 接口信号

插头	信 号 地 址	定义的内容	继电器
MXT	EXESP1＋(19)/EXESP1－(20)	机器人双回路急停	KA2
	EXESP2＋(21)/EXESP2－(22)		
	EXSVON＋(29)/EXSVON－(30)	机器人外部伺服 ON	KA1
	EXHOLD＋(31)/EXHOLD－(32)	机器人外部暂停	KA3

PLC 的 I/O 地址分配见表 2-3-4。

表 2-3-4　PLC 的 I/O 地址分配

输 入 信 号			输 出 信 号		
序号	PLC 输入地址	信 号 名 称	序号	PLC 输出地址	信 号 名 称
1	0.00	"启动"按钮	1	100.00	机器人程序启动
2	0.01	"暂停"按钮	2	100.01	清除机器人报警与错误
3	0.02	"复位"按钮	3	100.02	机器人搬运开始
4	0.03	"急停"按钮	4	100.03	变频器启停控制
5	0.06	输送线上料检测	5	100.04	变频器故障复位
6	0.07	落料台工件检测	6	101.00	机器人伺服使能
7	0.08	仓库工件满检测	7	101.01	机器人急停
8	1.00	机器人运行中	8	101.02	机器人暂停
9	1.01	机器人伺服已接通			
10	1.02	机器人报警/错误			
11	1.03	机器人电池报警			
12	1.04	机器人选择远程模式			
13	1.05	机器人在作业原点			
14	1.06	机器人搬运完成			

2. 硬件电路

（1）PLC 开关量输入信号电路如图 2-3-1 所示。由于传感器为 NPN 电极开路型，且机器人的输出接口为漏型输出，故 PLC 的输入采用漏型接法，即 COM 端接＋24V。输入信号包括控制按钮和检测用传感器。

（2）机器人输出与 PLC 输入接口电路如图 2-3-2 所示。CN303 的 1、2 端接外部 DC24V 电源，PLC 输入信号包括"机器人运行中""机器人搬运完成"等机器人的反馈信号。

（3）机器人输入与 PLC 输出接口电路如图 2-3-3 所示。由于机器人的输入接口为漏型输入，PLC 的输出采用漏型接法。PLC 输出信号包括"机器人启动""机器人搬运开始"等控制机器人运行、停止的信号。

（4）机器人专用输入接口 MXT 电路如图 2-3-4 所示。继电器 KA2 双回路控制机器人急停、KA1 控制机器人伺服使能、KA3 控制机器人暂停。

（5）机器人输出控制电磁阀电路如图 2-3-5 所示。通过 CN307 接口控制电磁阀 YV1～YV4，用于抓取或释放工件。

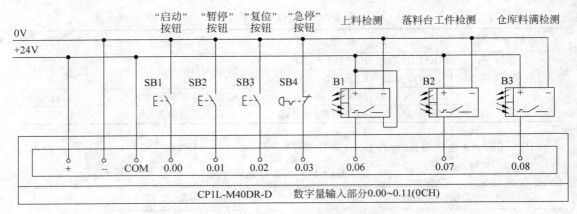

图 2-3-1　PLC 开关量输入信号电路

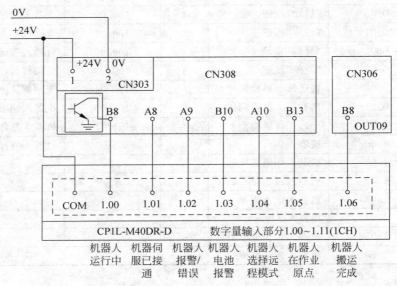

图 2-3-2　机器人输出与 PLC 输入接口电路

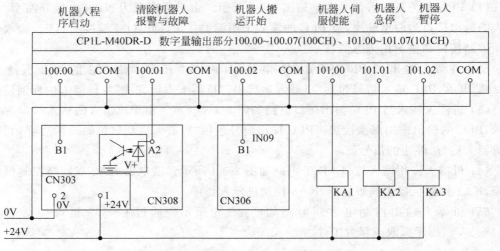

图 2-3-3　机器人输入与 PLC 输出接口电路

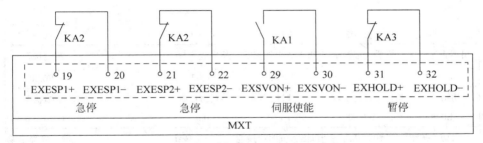

图 2-3-4 机器人专用输入接口 MXT 电路

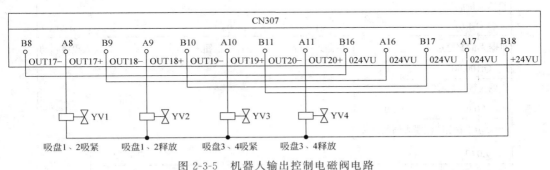

图 2-3-5 机器人输出控制电磁阀电路

2.3.2 搬运工作站软件系统

1. 搬运工作站 PLC 程序

搬运工作站 PLC 参考程序如图 2-3-6 所示。

只有在所有的初始条件都满足时,W0.00 得电。按下"启动"按钮 0.00,101.00 得电。机器人伺服电源接通,如果使能成功,机器人使能已接通反馈信号 1.01 得电,101.00 断电,使能信号解除;同时 100.00 得电,机器人程序启动,机器人开始运行程序,同时其反馈信号 1.00 得电,100.00 断电,程序启动信号解除。

如果在运行过程中,按"暂停"按钮 0.01,则 101.02 得电,机器人暂停,其反馈信号 1.00 断电,此时机器人的伺服电源仍然接通,机器人只是停止执行程序。按复位按钮 0.02,则 101.02 断电,机器人暂停信号解除,同时 100.00 得电,机器人程序再次启动,继续执行程序。

机器人程序启动后,如果落料台上有工件且仓库未满(7 个),则 100.02 得电,机器人将把落料台上的工件搬运到仓库里。

如果在运行过程中按"急停"按钮 0.03,101.01 得电,机器人急停,其反馈信号 1.00、1.01 断电,此时机器人的伺服电源断开,停止执行程序。

急停后,只有使系统恢复到初始状态,按"启动"按钮,系统才可重新启动。

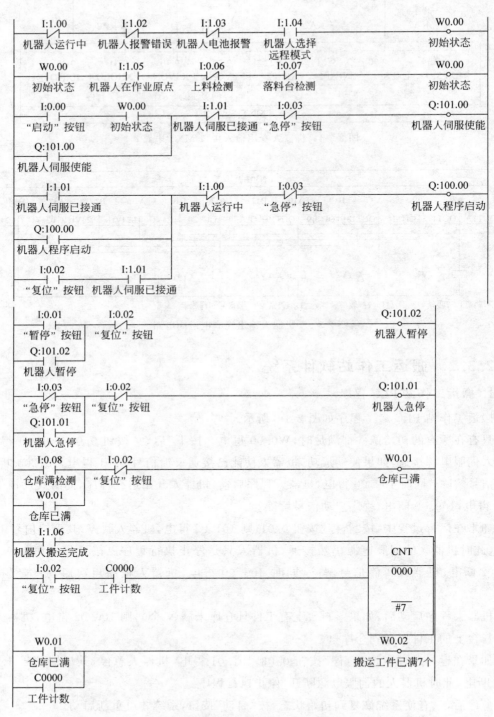

图 2-3-6　搬运工作站 PLC 参考程序

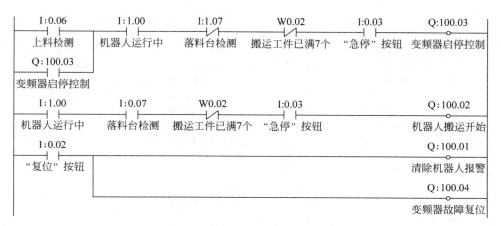

图　2-3-6(续)

2. 搬运工作站机器人程序

当 PLC 的 100.00 输出"1"时,机器人 CN308 的 B1 输入口接收到该信号,机器人启动,开始执行程序。

执行到第 8 条指令时,机器人等待落料台传感器检测工件。当落料台上有工件时,PLC 的 100.02 输出"1",向机器人发出"机器人搬运开始"命令,机器人 CN306 的 9 号输出口接收到该信号,继续执行后面的程序。

由于工件在仓库里是层层码垛的,所以机器人每搬运一个工件,末端执行器要逐渐抬高,抬高的距离大于一个工件的厚度。标号 *L0～*L6 的程序分别为码垛 7 个工件时,末端执行器不同的位置。

机器人如果处于急停状态,"急停"按钮复位后,选择示教器为"示教模式",通过操作示教器使机器人回到作业原点,并将程序指针指向第一条指令。搬运工作站机器人参考程序如下。

1	NOP	
2	*L10	程序标号
3	CLEAR B000 1	置"搬运工件数"记忆存储器 B000 为 0;初始化
4	DOUT OT♯(9) = OFF	清除"机器人搬运完成"信号;初始化
5	PULSE OT♯(18)　T = 2.00	YV2 得电 2s,吸盘 1、2 松开;初始化
6	PULSE OT♯(20)　T = 2.00	YV4 得电 2s,吸盘 3、4 松开;初始化
7	*L9	程序标号
8	WAIT IN♯(9) = ON	等待 PLC 发出"机器人搬运开始"指令
9	MOVJ VJ = 10.00 PL = 0	机器人作业原点,关键示教点
10	MOVJ VJ = 15.00 PL = 3	中间移动点
11	MOVJ VJ = 50.00 PL = 3	中间移动点
12	MOVL V = 83.3 PL = 0	吸盘接近工件,关键示教点
13	PULSE OT♯(17)　T = 2.00	YV1 得电 2s,吸盘 1、2 吸紧
14	PULSE OT♯(19)　T = 2.00	YV3 得电 2s,吸盘 3、4 吸紧
15	MOVL V = 166.7 PL = 3	中间移动点
16	MOVJ VJ = 10.00 PL = 3	中间移动点
17	MOVJ VJ = 125.00 PL = 3	中间移动点
18	MOVJ VJ = 10.00 PL = 1	中间移动点

19	MOVL V = 250.0 PL = 1	到达仓库正上方(距离仓库底面在 7 块工件的厚度以上)
20	JUMP * L0 IF B000 = 0	如果搬运第 1 块工件,跳转至 * L0
21	JUMP * L1 IF B000 = 1	如果搬运第 2 块工件,跳转至 * L1
22	JUMP * L2 IF B000 = 2	如果搬运第 3 块工件,跳转至 * L2
23	JUMP * L3 IF B000 = 3	如果搬运第 4 块工件,跳转至 * L3
24	JUMP * L4 IF B000 = 4	如果搬运第 5 块工件,跳转至 * L4
25	JUMP * L5 IF B000 = 5	如果搬运第 6 块工件,跳转至 * L5
26	JUMP * L6 IF B000 = 6	如果搬运第 7 块工件,跳转至 * L6
27	* L0	放置第 1 个工件时程序标号
28	MOVL V = 83.3	放置第 1 个工件时,工件下降的位置.作为关键示教点
29	JUMP * L8	跳转至 * L8
30	* L1	放置第 2 个工件时程序标号
31	MOVL V = 83.3	放置第 2 个工件时,工件下降的位置
32	JUMP * L8	跳转至 * L8
33	* L2	放置第 3 个工件时程序标号
34	MOVL V = 83.3	放置第 3 个工件时,工件下降的位置
35	JUMP * L8	跳转至 * L8
36	* L3	放置第 4 个工件时程序标号
37	MOVL V = 83.3	放置第 4 个工件时,工件下降的位置
38	JUMP * L8	跳转至 * L8
39	* L4	放置第 5 个工件时程序标号
40	MOVL V = 83.3	放置第 5 个工件时,工件下降的位置
41	JUMP * L8	跳转至 * L8
42	* L5	放置第 6 个工件时程序标号
43	MOVL V = 83.3	放置第 6 个工件时,工件下降的位置
44	JUMP * L8	跳转至 * L8
45	* L6	放置第 7 个工件时程序标号
46	MOVL V = 83.3	放置第 7 个工件时,工件下降的位置
47	* L8	程序标号 * L8
48	TIMER T = 1.00	吸盘到位后,延时 1 秒
49	PULSE OT♯(18) T = 2.00	YV2 得电 2s,吸盘 1、2 松开
50	PULSE OT♯(20) T = 2.00	YV4 得电 2s,吸盘 3、4 松开
51	INC B000	"搬运工件数"加 1
52	MOVL V = 83.3 PL = 1	中间移动点
53	MOVJ VJ = 20.00 PL = 1	中间移动点
54	MOVJ VJ = 20.00	回作业原点
55	PULSE OT♯(9) T = 1.00	向 PLC 发出 1s"机器人搬运完成"信号
56	JUMP * L9 IF B000<7	判断仓库是否已经满(7 个工件满)
57	JUMP * L10	跳转至 * L10
58	END	

2.4　参　数　配　置

1. 标准 I/O 板配置

ABB 标准 I/O 板挂在 DeviceNet 总线上面,常用型号有 DSQC651(8 个数字输入,8 个数字输出,2 个模拟输出)和 DSQC652(16 个数字输入,16 个数字输出)。在系统中配置标准 I/O 板,至少需要设置 4 项参数,见表 2-4-1。表 2-4-2 是某搬运工作站的具体信号配置。

表 2-4-1　参数项

参 数 名 称	参 数 注 释	参 数 名 称	参 数 注 释
Name	I/O 单元名称	Connected to Bus	I/O 单元所在总线
Type of Unit	I/O 单元类型	DeviceNet Address	I/O 单元所占用总线地址

表 2-4-2　具体信号配置

信 号 名 称	输入/输出类型	分配输入/输出板	端口	I/O 信号注解
di00_Buffer Ready	Digital Input	Board10	0	暂存装置到位信号
di01_Panel In Pick Pos	Digital Input	Board10	1	产品到位信号
di02_VacuumOK	Digital Input	Board10	2	真空反馈信号
di03_Start	Digital Input	Board10	3	外接"开始"
di04_Stop	Digital Input	Board10	4	外接"停止"
di05_StartAtMain	Digital Input	Board10	5	外接"从主程序开始"
di06_EstopReset	Digital Input	Board10	6	外接"急停复位"
di07_MotorOn	Digital Input	Board10	7	外接"电动机上电"
d032_VacuumOpen	Digital Output	Board10	32	打开真空
d033_AutoOn	Digital Output	Board10	33	自动状态输出信号
d034_Buffer Full	Digital Output	Board10	34	暂存装置满载

2. 数字 I/O 配置

在 I/O 单元上创建一个数字 I/O 信号,至少需要设置四项参数,见表 2-4-3。表 2-4-4 是其具体含义。

表 2-4-3　数字 I/O 配置

参 数 名 称	参 数 注 释	参 数 名 称	参 数 注 释
Name	I/O 信号名称	Assigned to Unit	I/O 信号所在 I/O 单元
Type of Signal	I/O 信号类型	Unit Mapping	I/O 信号所占用单元地址

表 2-4-4　具体含义

参 数 名 称	参 数 说 明
Name	信号名称(必设)
Type of Signal	信号类型(必设)
Assigned to Unit	连接到的 I/O 单元(必设)
Signal Identification Lable	信号标签,为信号添加标签,便于查看。例如将信号标签与接线端子上标签设为一致,如 Corm.X4、Pin 1
Unit Mapping	占用 I/O 单元的地址(必设)
Category	信号类别,为信号设置分类标签,当信号数量较多时,通过类别过滤,便于分类别查看信号
Access Level	写入权限 Read Only:各客户端均无写入权限,只读状态 Default:可通过指令写入或本地客户端(如示教器)在手动模式下写入 All:各客户端在各模式下均有写入权限

续表

参 数 名 称	参 数 说 明
Default Value	默认值,系统启动时其信号默认值
Filter Time Passive	失效过滤时间(ms),防止信号干扰,如设置为1000,则当信号置为0,持续1s后,才视为该信号已置为0(限于输入信号)
Filter Time Active	激活过滤时间(ms),防止信号干扰,如设置为1000,则当信号置为1,持续1s后,才视为该信号已置为1(限于输入信号)
Signal Value at System Failure and Power Fail	断电保持,当系统错误或断电时是否保持当前信号状态(限于输出信号)
Store Signal Value at Power Fail	当重启时是否将该信号恢复为断电前的状态(限于输出信号)
Invert Physical Value	信号置反

3. 系统 I/O 配置

系统输入:将数字输入信号与机器人系统的控制信号关联起来,就可以通过输入信号对系统进行控制(例如电动机上电、程序启动等)。

系统输出:机器人系统的状态信号也可以与数字输出信号关联起来,将系统的状态输出给外围设备作控制之用(例如系统运行模式、程序执行错误等)。

系统 I/O 配置如表 2-4-5 所示,具体配置如表 2-4-6、表 2-4-7 所示。

表 2-4-5　系统 I/O 配置

系统输入/输出类型	信 号 名 称	动 作 状 态	变　量	注　释
System Input	DI03_Start	Start	Continuous	程序启动
System Input	DI04_Stop	Stop	无	程序停止
System Input	DI05_StartAtMain	Start Main	Continuous	从主程序启动
System Input	DI06_EstopReset	Reset Estop	无	急停状态恢复
System Input	DI07_MotorOn	Motor On	无	电动机上电
System Output	DO33_AutoOn	Auto On	无	自动状态输出

表 2-4-6　系统输入

系 统 输 入	说　明
Motor On	电动机上电
Motor On and Start	电动机上电并启动运行
Motor Off	电动机下电
Load and Start	加载程序并启动运行
Interrupt	中断触发
Start	启动运行
Start at Main	从主程序启动运行
Stop	暂停
Quick Stop	快速停止
Soft Stop	软停止
Stop at End of Cycle	在循环结束后停止
Stop at End of Instruction	在指令运行结束后停止

续表

系 统 输 入	说　　明
Reset Execution Error Signal	报警复位
Reset Emergency Stop	急停复位
System Restart	重启系统
Load	加载程序文件,适用后,之前适用 Load 加载的程序文件将被清除
Backup	系统备份

表 2-4-7　系统输出

系 统 输 出	说　　明
Auto On	自动运行状态
Backup Error	备份错误报警
Backup in Progress	系统备份进行中状态,当备份结束或错误时信号复位
Cycle On	程序运行状态
Emergency Stop	紧急停止
Execution Error	运行错误报警
Mechanical Unit Active	激活机械单元
Mechanical Unit Not Moving	机械单元没有运行
Motor Off	电动机下电
Motor On	电动机上电
Motor Off State	电动机下电状态
Motor On State	电动机上电状态
Motion Supervision On	动作监控打开状态
Motion Supervision Triggered	当碰撞检测被触发时信号置位
Path Return Region Error	返回路径失败状态,机器人当前位置离程序位置太远导致
Power Fail Error	动力供应失效状态,机器人断电后无法从当前位置运行
Production Execution Error	程序执行错误报警
Run Chain OK	运行链处于正常状态
Simulated I/O	虚拟 I/O 状态,有 I/O 信号处于虚拟状态
Task Executing	任务运行状态
TCP Speed	TCP 速度,用模拟输出信号反映机器人当前实际速度
TCP Speed Reference	TCP 速度参考状态,用模拟输出信号反映机器人当前指令中的速度

习　　题

填空题

1. 搬运机器人是可以进行_____作业的工业机器人。

2. 搬运作业是指用一种设备握持工件,从一个加工位置移到另一个加工位置的过程。如果采用工业机器人来完成这个任务,整个搬运系统则构成了工业机器人_____工作站。

3. 工业机器人搬运工作站由_____、_____、机器人安装底座、输送线系统、平面仓库、_____等组成。

第3章

工业机器人码垛工作站系统集成

知识目标

1. 熟悉工业机器人码垛工作站组成。

2. 掌握工业机器人码垛工作站的工作过程。

能力目标

1. 能根据任务要求,合理选用工业机器人。

2. 能根据任务要求,完成工业机器人码垛工作站的设计。

3. 能完成工业机器人码垛工作站的参数配置。

素质目标

树立民族自豪感和大国自信,铸就爱国敬业精神。

3.1 码垛机器人

3.1.1 码垛工业机器人简介

1. 码垛机器人简介

码垛机器人是一种用来自动执行工作的机器装置,使用中它可接受人的指挥,又可正确地运行预先编排的程序,能按照人工智能技术制订的原则纲领行动。其任务是协助或取代人类的重复工作,码垛机器人在码垛行业有着相当广泛的应用。

2. 码垛机器人特点

(1)结构简单、零部件少。零部件的故障率低、性能可靠、保养维修简单、所需库存零部件少。

(2)占地面积小。有利于客户厂房中生产线的布置,并可留出较大的库房面积。码垛机器人可以设置在狭窄的空间,即可有效地使用。

(3)适用性强。当客户产品的尺寸、体积、形状及托盘的外形尺寸发生变化时只需在触摸屏上稍做修改即可,不会影响客户的正常生产。而机械式的码垛机更改相当麻烦,甚至是无法实现的。

(4)能耗低。通常机械式的码垛机的功率在 26kW 左右,而码垛机器人的功率为 5kW

认识码垛工业机器人

左右,大大降低了客户的运营成本。

（5）全部控制在控制柜屏幕上进行即可,操作简单。

（6）只需设置定位抓起点和摆放点,示教方法简单易懂。

3.1.2 认识码垛工业机器人

关节式码垛机器人常见本体多为 4 轴,亦有 5、6 轴码垛机器人,但在实际包装码垛物流线中,5、6 轴码垛机器人相对较少。码垛主要在物流线末端进行,码垛机器人安装在底座（或固定座）上,其位置的高低由生产线高度、托盘高度及码垛层数共同决定,多数情况下,码垛精度的要求没有机床上、下料搬运精度高,为节约成本、降低投入资金、提高效益,4 轴码垛机器人足以满足日常码垛要求。

1. 新松 SRM13A 码垛机器人

1）新松 SRM13A 码垛机器人特点

（1）被誉为体积最小的码垛机器人,专用于轻型产品码垛。

（2）采用轻量化设计,小巧轻盈,机械结构紧凑,节省占地空间。

（3）配备码垛专用软件包,对垛型、生产率等可进行简洁、直观的设置,简化示教流程。

（4）网络化控制系统,具有丰富的外部接口及扩展能力,易于集成。

2）主要参数

SRM13A 码垛机器人主要参数如表 3-1-1 所示。

表 3-1-1 SRM13A 码垛机器人主要参数

型号		SRM13A
负载能力		13kg
工作范围（水平）		1430mm
重复定位精度		±0.06mm
自由度数		4
标准循环		1800～2100 次/小时
每轴最大运动范围	S	±170°
	L	+40°,−110°
	U	+20°,−130°
	4 轴	±360°
每轴最大运动速度	S	125°/s
	L	150°/s
	U	150°/s
	4 轴	400°/s
本体重量		160kg
电源容量		3kV·A
防护等级（手腕）		IP65
预装信号线（1 轴→4 轴处）		16 芯,单芯线径 0.2mm²

3）SRM13A 码垛机器人运动范围和安装尺寸

SRM13A 码垛机器人运动范围和安装尺寸如图 3-1-1 所示。

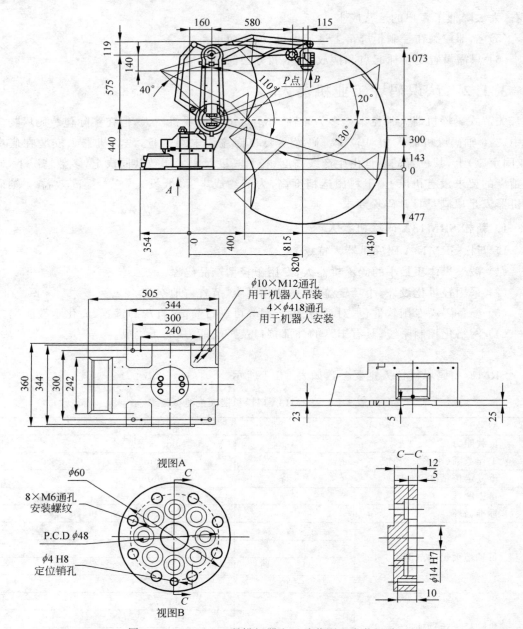

图 3-1-1　SRM13A 码垛机器人运动范围和安装尺寸

2. SRC G5 控制器

1）SRC G5 控制器产品特色

（1）模块化设计。

（2）多重安全保护功能。

（3）丰富的应用软件包（弧焊、点焊、打磨、喷涂、上下料等）。

（4）灵活的离线编程技术与丰富的接口库，支持二次开发。

（5）可扩展 PLC，实现系统无缝集成，支持 PROFIBUS、PRPFINET、CC-LINK 等现场总线。

2）SRC G5 控制器主要参数

SRC G5 控制器主要参数如表 3-1-2 所示。

表 3-1-2　SRC G5 控制器主要参数

型号		SRC G5
尺寸		655mm（宽/W）×495mm（厚/D）×735mm（高/H）mm
冷却系统		间接冷却（风冷）
概略重量		75kg
周边温度		0～+45℃（运转时）；-20～+60℃（运输保管时）
相对湿度		≤90％RH（无冷凝）
电源		三相 AC380V（-15％～+10％），50/60Hz
接地		机器人专用接地系统
位置控制		点位控制、连续轨迹控制
控制系统		交流伺服马达，完全独立同时控制（6 个机器人轴。可扩展 6 个外部轴）
加减速控制		软件伺服控制
存储容量	记忆介质（存储器）	CF 卡
	记忆容量	2GB
	记忆内容	软件系统（厂家使用）/系统参数、用户参数、作业等
	任务程序数	运动命令≥10000 条
存储容量	通用物理 I/O 端口	I/O 板，标准输入/输出各 16 点，可扩展为输入输出各 32 个点
	可扩展总线 I/O	4096 点 1024
	组 I/O	8 组可配置
	I/O 输入规格	DC24V：高低电平可选配（出厂设置低有效）
	I/O 输出规格	输出电压等级为 24V，电流为 1V，高低电平可选配（出厂设置低有效）
执行开关		连续轨迹、实时补偿、中断允许、偏移允许、限位开关、安全门等
编辑功能		添加、复制、删除、修改、备份、恢复、重命名等
程序调用		调用、转跳、条件跳转等
原点复位		由码盘电池支持，不需要每次开机时做原点复位
用户等级授权		普通用户、超级用户、高级用户
保护功能		中断保护、干涉区、位置软、硬超限开关
涂装颜色		柜身：PANTONE 433C；柜门：RAL3002
接口		RS-232、CAN（Devicenet）、TCP/IP、EtherCAT 等。可扩展 PLC，实现系统无缝集成，支持 profibus-DP、profinet、CC-LINK、MODBUS 等现场总线
防护等级		IP54

3.2　认识码垛工作站

3.2.1　码垛工作站简介

1. 码垛工作站

机器人工作站是指使用一台或多台机器人，配以相应的周边设备，用于完成某一特定工序作业的独立生产系统，也叫机器人工作单元。机器人码垛工作站是一种集成化的系统。

2. 码垛工作站解决方案

1）袋类/报夹式

对于袋类如粮食、饲料、化肥、建材等的码垛，码垛端拾器采用报夹式，如图 3-2-1 所示为端拾器是报夹式的码垛工作站。

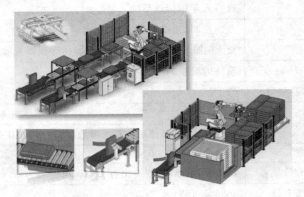

图 3-2-1　端拾器是报夹式的码垛工作站

2）箱体/夹板式

夹板式端拾器下方的手叉能够支撑包装箱的重量，通过气缸驱动进行伸出和退回动作，抓取包装箱时，手叉上的手指可以伸入到滚筒内。如图 3-2-2 所示为端拾器是夹板式的码垛工作站。

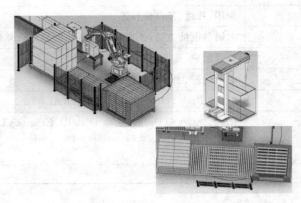

图 3-2-2　端拾器是夹板式的码垛工作站

3) 箱体/吸盘式

吸盘式端拾器通过吸盘抓取,端拾器顶部吸盘负责将物品提起。吸盘的规格和安装位置根据产品尺寸进行设计。如图 3-2-3 所示为端拾器是吸盘式的码垛工作站。

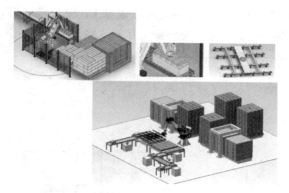

图 3-2-3　端拾器是吸盘式的码垛工作站

4) 桶制/定制式

针对不同瓶类/桶类的码垛,端拾器将根据产品的实际规格灵活设计。如图 3-2-4 所示为端拾器是定制式的码垛工作站。

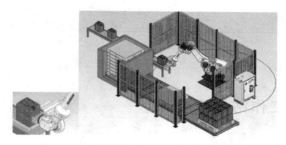

图 3-2-4　端拾器是定制式的码垛工作站

5) 砖类/分砖式

(1) 针对各类家装瓷砖类的码垛,多根据瓷砖尺寸采用吸盘式夹手。

(2) 针对各类砖块式的码垛,端拾器具有分砖机构设计,可根据实际负载及砖块尺寸情况,同时取放数百块砖瓦,有效提高码垛效率。如图 3-2-5 所示为端拾器是分砖式的码垛工作站。

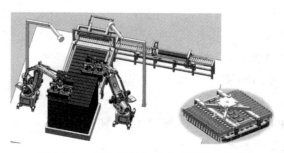

图 3-2-5　端拾器是分砖式的码垛工作站

3.2.2　码垛工作站的工作任务

码垛机器人把垛 A 拆垛后,用吸盘将工件放到物料输送装置上,由物料输送装置将工件输送到靠近垛 B 的一端,再由码垛机器人堆垛成垛 B;垛 B 堆好后,再用相同的办法把垛 B 拆垛,堆垛成垛 A。如图 3-2-6 所示为码垛工作站示意图。

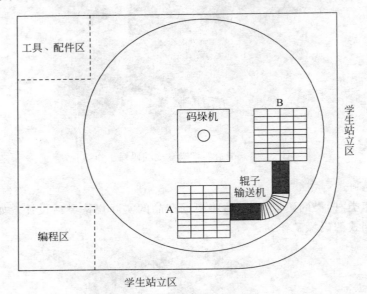

图 3-2-6　码垛工作站示意图

3.2.3　码垛工作站的组成

码垛工作站由以下几部分组成。

(1) 工业机器人及其底座。

(2) 机器人末端执行器(海绵吸盘抓手)。

(3) 工件及托盘。

(4) 滚筒输送机及精确定位装置。

(5) 机器人控制柜及 PLC 控制柜。

(6) 工具车。

(7) 编程计算机。

(8) 可移动式安全围栏。

码垛工作站效果图如图 3-2-7 所示。

1. 机器人本体及控制系统

1) 机器人本体

机器人为埃夫特机器人 ER20-C10,如图 3-2-8 所示。

ER20-C10 机器人参数如表 3-2-1 所示。

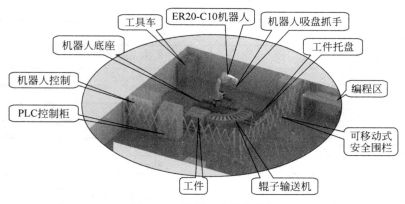

图 3-2-7 码垛工作站效果图

图 3-2-8 埃夫特机器人 ER20-C10

表 3-2-1 ER20-C10 机器人参数

机器人类型		ER20-C10
结构		关节型
自由度		6
驱动方式		AC 伺服驱动
最大动作范围	J_1	$\pm 3.14\text{rad}(\pm 180°)$
	J_2	$+1.13\text{rad}/-2.53\text{rad}(+65°/-145°)$
	J_3	$+3.84\text{rad}/-1.13\text{rad}(+220°/-65°)$
	J_4	$\pm 3.14\text{rad}(\pm 180°)$
	J_5	$\pm 2.41\text{rad}(\pm 135°)$
	J_6	$\pm 6.28\text{rad}(\pm 360°)$
最大运动速度	J_1	$2.96\text{rad/s}(170°/\text{s})$
	J_2	$2.88\text{rad/s}(165°/\text{s})$
	J_3	$2.96\text{rad/s}(170°/\text{s})$
	J_4	$6.28\text{rad/s}(360°/\text{s})$
	J_5	$6.28\text{rad/s}(360°/\text{s})$
	J_6	$10.5\text{rad/s}(600°/\text{s})$
最大运动半径		1722mm

续表

可搬质量		20kg
重复定位精度		±0.08mm
手腕扭矩	J_4	49N·m
	J_5	49N·m
	J_6	23.5N·m
手腕惯性力矩	J_4	1.6kg·m²
	J_5	1.6kg·m²
	J_6	0.8kg·m²
环境温度		0~45℃
安装条件		地面安装、悬吊安装
防护等级		IP65（防尘、防滴）
本体质量		220kg
设备总功率		3.5kW

2）控制系统

机器人电控结构包括伺服系统、控制系统、主控制部分、变压器、示教系统与动力通信电缆等。机器人控制柜内部视图如图 3-2-9 所示。

2. 机器人末端执行器——海绵吸盘抓手

机器人末端执行器也就是常说的"抓手"，本设计采用真空吸盘机构，通过电磁阀控制真空发生器抽真空，吸取上表面平整零件。此机构由坚固的铝材制作，采用了 NBR 海绵密封胶条，使接触端贴面可承受横向力并对机器人抓取起到缓冲作用，抓手如图 3-2-10 所示。

图 3-2-9　机器人控制柜内部视图

图 3-2-10　机器人抓手

海绵吸盘抓手通过抽真空吸取工件，实现机器人对工件的抓取，码放工件时，机器人到达预定码放位置"放手"，这个动作是通过关闭真空发生器并且极短时间的反吹来完成的。

3. 物料输送装置——滚筒输送机

滚筒输送机适用于各类箱、包、托盘等物品的输送，散料、小件物品或不规则的物品需放在托盘上或周转箱内输送。滚筒输送机能够输送单件质量很大的物料，或承受较大的冲击载荷，滚筒线之间易于衔接过滤，可用多条滚筒线及其他输送机组成复杂的物流输送系统，满足多方面的工艺需要。可采用积放滚筒实现物料的堆积输送。滚筒输送机结构简单、可靠性高、使用维护方便。滚筒输送机如图 3-2-11 所示。

本系统配备的输送机为滚筒式弯道输送机,如图 3-2-12 所示。负责将机器人抓取过来的工件输送到另一端,并配合传感定位等装置实现启、停,而且可以实现变频调速来更改输送速度。

图 3-2-11 滚筒输送机

图 3-2-12 滚筒式弯道输送机

本系统主要技术参数如下。

(1)传动方式:单链轮传动。

(2)动力方式:电机驱动。

(3)电机参数:0.4kW,卧式三相电机,速比 50,城邦电机,可变频。

(4)材质:不锈钢 SUS201,链轮是 08B11T,发黑。

辊筒有效长度为 300mm,辊面距地面高度为(500±25)mm;辊筒规格为 50mm×1.5mm;锥辊,小头直径 50mm,大头直径 79mm。

(5)运行速度:3~7m/min。

(6)转弯内半径:600mm。

(7)转弯角度:90°。

4. 精确定位机构

本系统物料输送装置主要由滚筒弯道输送机构成,而且输送机上两端配备了相同的定位气缸及定位杆并加装磁性感应开关和光电传感器的精确定位机构,用以检测工件的到达位置及状态,并将工件定位到指定区域,方便机器人准确无误地抓取,减小码放误差。

当输送机把工件输送至一端的定位杆,传感器会检测到信号,表示工件一端已经到位,输送机停止运动,同时传感器把信号传给 PLC,PLC 接收信号后会发送信号给定位气缸电磁阀,使气缸杆伸出推动工件至另一个定位杆端,这样就完成两个垂直方向的定位,同时定位气缸上的磁性感应开关发送定位完成信号给 PLC,PLC 接收信号后会发送信号给机器人,机器人抓取已经定位好的工件,整个机构目的是保证工件每次都被定位在同一位置,确保机器人抓取及码垛的准确性。精确定位机构组成如图 3-2-13 所示。

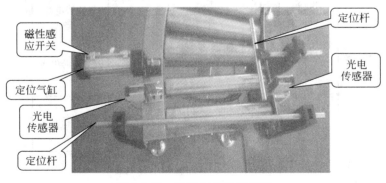

图 3-2-13 精确定位机构组成

3.2.4　码垛工作站的工作过程

（1）按"启动"按钮,系统运行,机器人启动。

（2）码垛机把垛 A 拆垛,用吸盘将将工件搬运至物料输送装置上。

（3）物料输送装置将工件输送到靠近垛 B 的一端。

（4）B 侧精确定位装置对工件进行定位,定位完成后,向机器人发送定位完成信号。

（5）机器人收到信号后将工件搬运至垛 B 区进行码垛。

（6）码垛完成后机器人返回垛 A 区进行下次拆垛直到垛 A 拆完为止。

（7）当垛 A 拆垛完成后,系统停止运行并报警提示"垛 A 拆垛完成"。

（8）在触摸屏上,点击"码垛方向"按钮,系统用相同的方法,把垛 B 拆垛,堆垛成垛……

3.3　码垛工作站的设计

3.3.1　码垛工作站硬件系统

1. 工作站控制电源电路

工作站控制电源电路如图 3-3-1 所示。

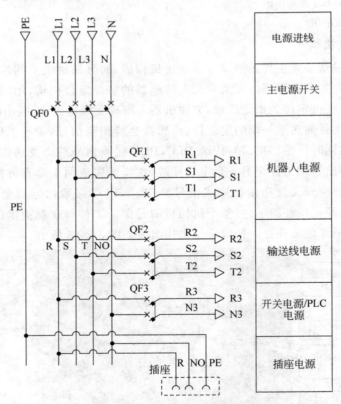

图 3-3-1　工作站控制电源电路

2. PLC I/O 接口配置

1）PLC 输入接口信号

PLC 输入接口信号如图 3-3-2 所示。

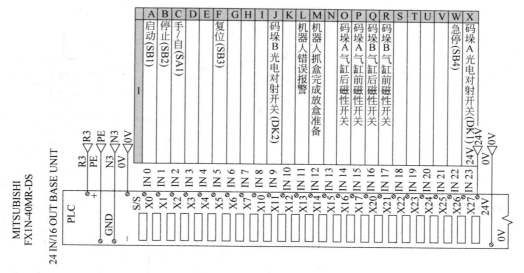

图 3-3-2　PLC 输入接口信号

2）PLC 输出接口信号

PLC 输出接口信号如图 3-3-3 所示。

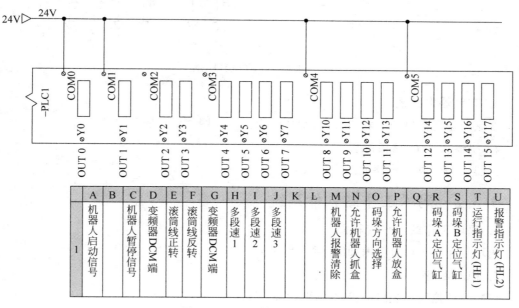

图 3-3-3　PLC 输出接口信号

3）PLC I/O 接口电路图

PLC I/O 接口电路图如图 3-3-4 所示。

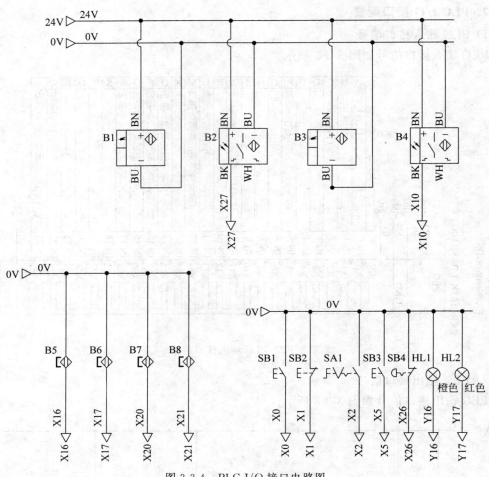

图 3-3-4　PLC I/O 接口电路图

3. 变频器电路图

变频器选用台创变频器 TES007M43B,电路图如图 3-3-5 所示。

4. 机器人 I/O 接口配置

机器人 I/O 接口电路如图 3-3-6 所示。

3.3.2　码垛工作站软件系统

1. 码垛工作站工作流程图

码垛工作站工作流程图如图 3-3-7 所示。

2. PLC 程序

(1) PLC 控制系统启动程序如图 3-3-8 所示。

(2) PLC 控制系统运行及报警程序如图 3-3-9 所示。

(3) 通过 PLC 控制机器人启动停止程序如图 3-3-10 所示。

(4) 通过 PLC 消除机器人报警程序如图 3-3-11 所示。

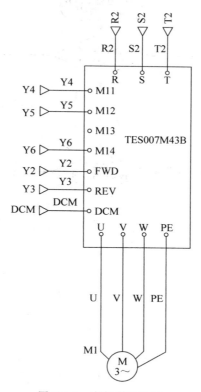

图 3-3-5　变频器电路图

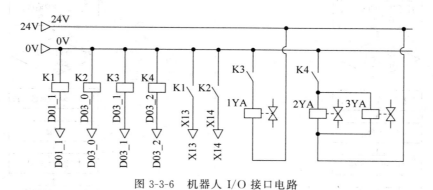

图 3-3-6　机器人 I/O 接口电路

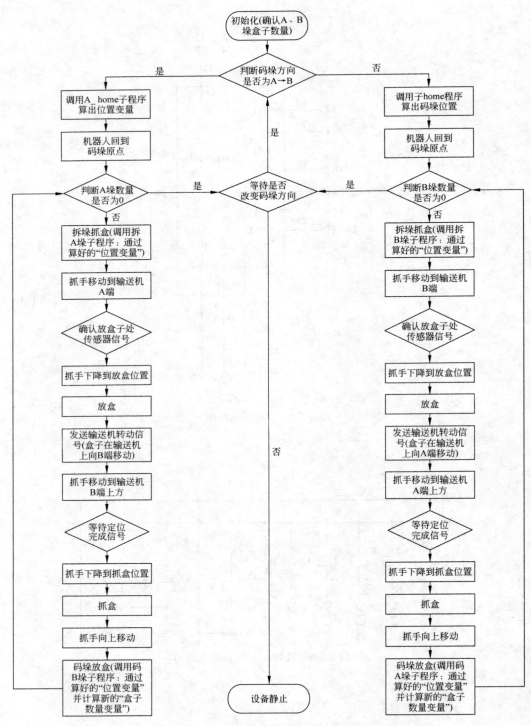

图 3-3-7　码垛工作站工作流程图

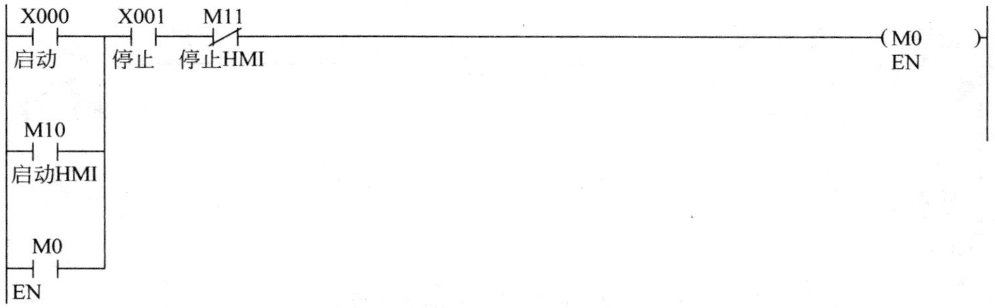

图 3-3-8　PLC 控制系统启动程序

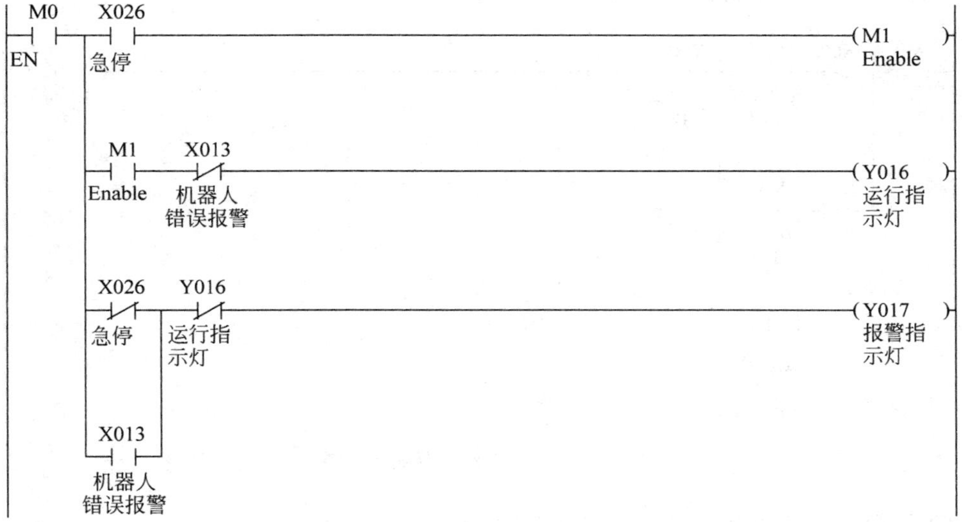

图 3-3-9　PLC 控制系统运行及报警程序

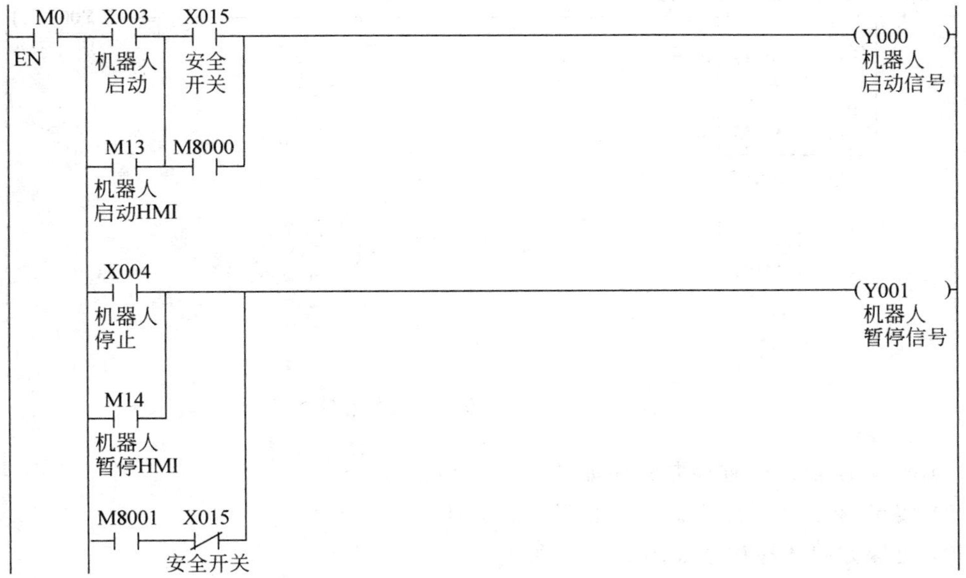

图 3-3-10　PLC 控制机器人启动停止程序

图 3-3-11 PLC 消除机器人报警程序

（5）滚筒线正转控制程序如图 3-3-12 所示。

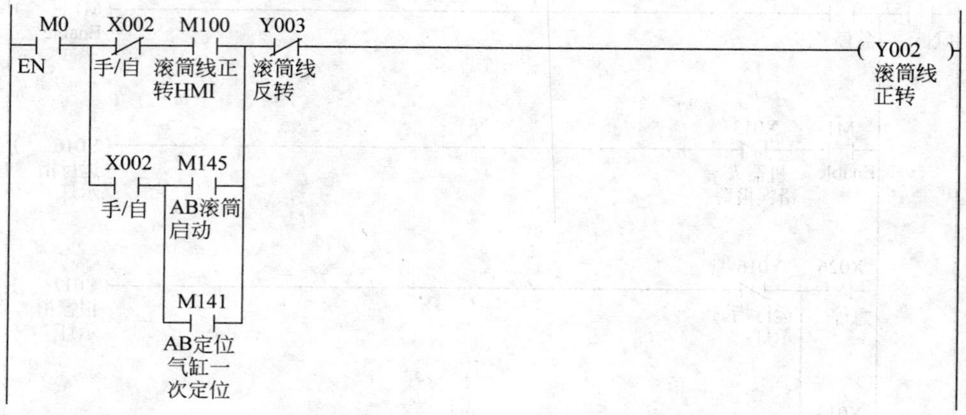

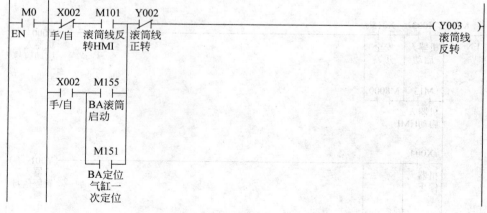

图 3-3-12 滚筒线正转控制程序

（6）滚筒线反转控制程序如图 3-3-13 所示。

图 3-3-13 滚筒线反转控制程序

（7）码垛 A 定位气缸控制程序如图 3-3-14 所示。

（8）码垛 B 定位气缸控制程序如图 3-3-15 所示。

（9）码垛方向选择程序如图 3-3-16 所示。

（10）A 拆垛 B 码垛循环初始化程序如图 3-3-17 所示。

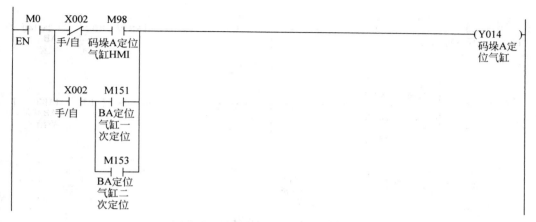

图 3-3-14　码垛 A 定位气缸控制程序

图 3-3-15　码垛 B 定位气缸控制程序

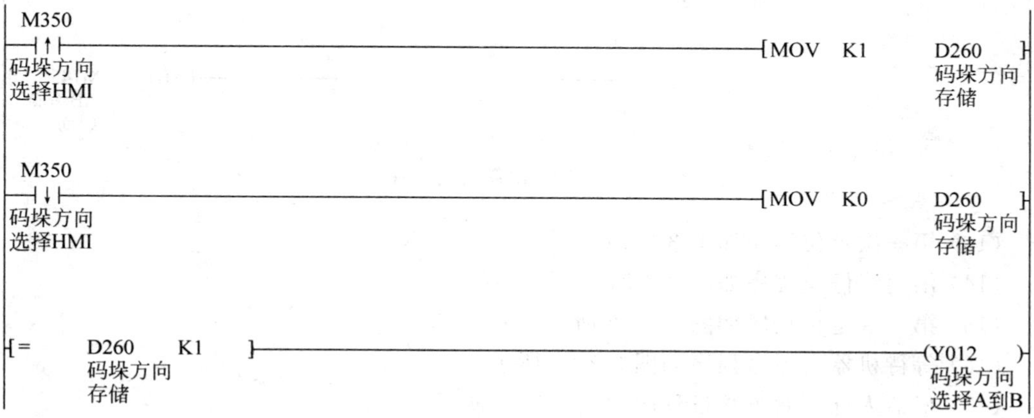

图 3-3-16　码垛方向选择程序

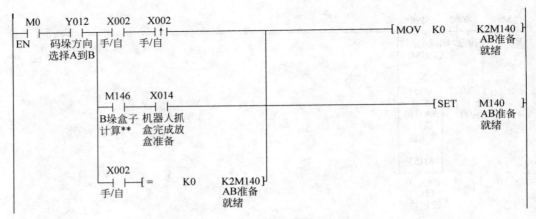

图 3-3-17　A 拆垛 B 码垛循环初始化程序

（11）A、B 垛方向切换初始化程序如图 3-3-18 所示。

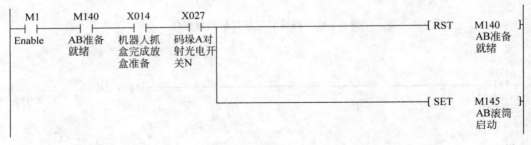

图 3-3-18　A、B 垛方向切换初始化程序

（12）滚筒启动程序如图 3-3-19 所示。

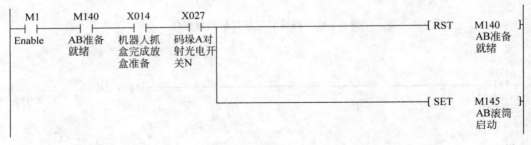

图 3-3-19　滚筒启动程序

（13）第一次定位程序如图 3-3-20 所示。

（14）滚筒线停止程序如图 3-3-21 所示。

（15）第二次定位程序如图 3-3-22 所示。

（16）等待机器人抓盒程序如图 3-3-23 所示。

（17）机器人计算盒子数量程序如图 3-3-24 所示。

（18）滚筒速度初始化程序如图 3-3-25 所示。

（19）滚筒速度加减控制程序如图 3-3-26 所示。

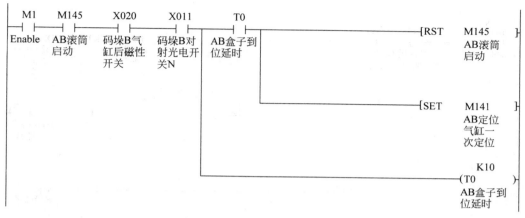

图 3-3-20　第一次定位程序

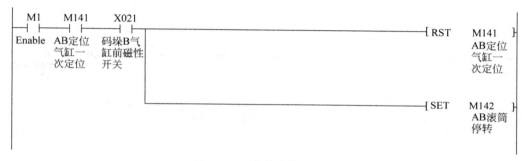

图 3-3-21　滚筒线停止程序

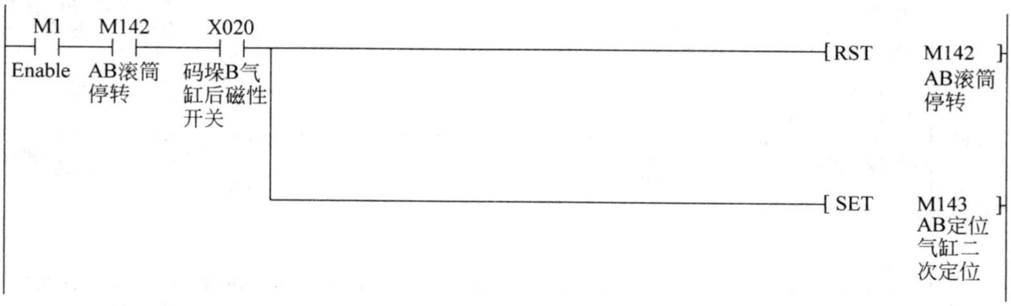

图 3-3-22　第二次定位程序

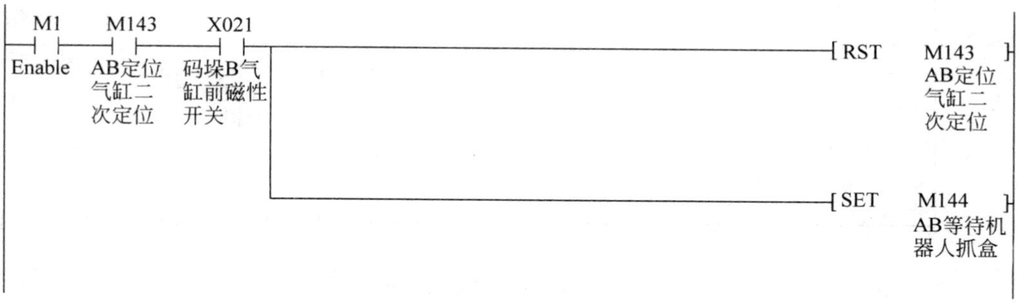

图 3-3-23　等待机器人抓盒程序

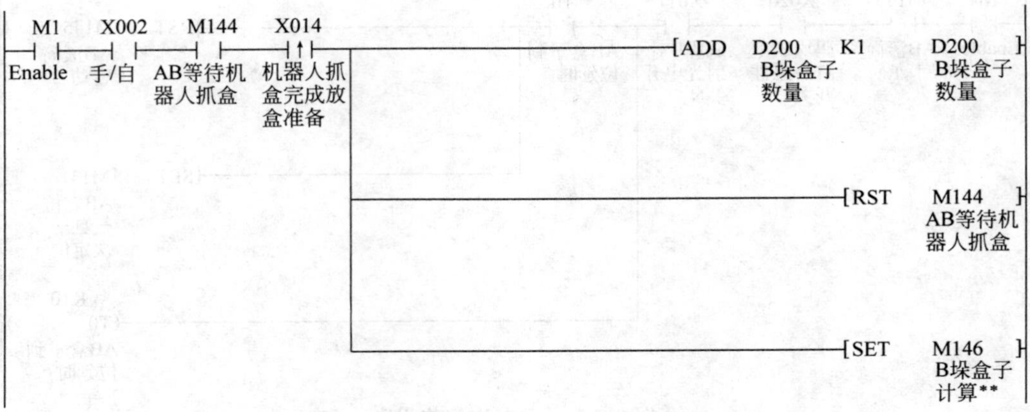

图 3-3-24 机器人计算盒子数量程序

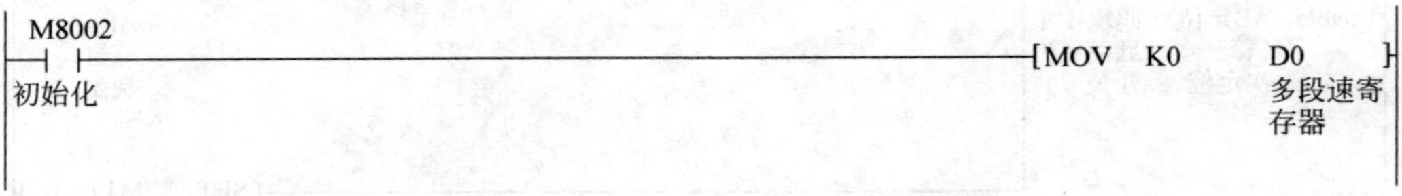

图 3-3-25 滚筒速度初始化程序

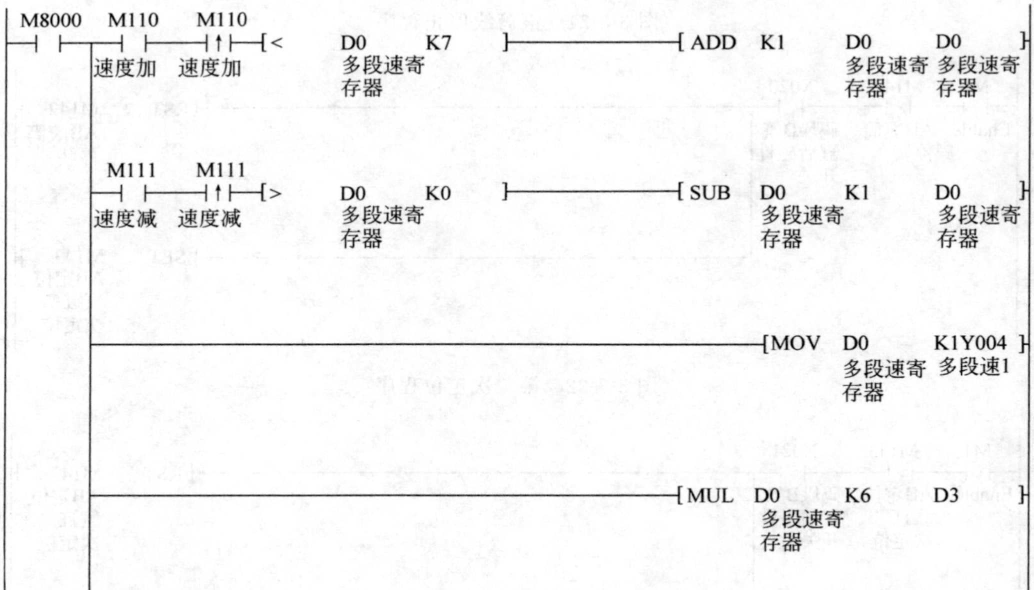

图 3-3-26 滚筒速度加减控制程序

（20）A垛盒子计算程序如图3-3-27所示。

图 3-3-27 A垛盒子计算程序

3.4 参 数 设 置

不同的工业机器人，其信号配置有所不同，现以 ABB 信号配置为例进行介绍。

1. 配置 I/O 信号

ABB I/O 信号配置如表 3-4-1 所示。

表 3-4-1 ABB I/O 信号配置

信号名称	输入/输出类型	分配输入/输出板	端口	I/O信号注解
DI00_BoxInPos_L	Digital Input	Board10	0	左侧输入线产品到位信号
DI01_BoxInPos_R	Digital Input	Board10	1	右侧输入线产品到位信号
DI02_PalletInPos_L	Digital Input	Board10	2	左侧码盘到位信号
DI03_PalletInPos_R	Digital Input	Board10	3	右侧码盘到位信号
DO00_ClampAct	Digital Output	Board10	0	控制夹板
DO01_Hook Act	Digital Output	Board10	1	控制钩爪
DO02_PalletFull_L	Digital Output	Board10	2	左侧码盘满载信号
DO03_PalletFull_R	Digital Output	Board10	3	右侧码盘满载信号
DI07_MotorOn	Digital Input	Board10	7	电动机上电（系统输入）
DI08_Start	Digital Input	Board10	8	程序开始执行（系统输入）
DI09_Stop	Digital Input	Board10	9	程序停止执行（系统输入）
DI10_StartAtMain	Digital Input	Board10	10	从主程序开始执行（系统输入）
DI11_EstopReset	Digital Input	Board10	11	急停复位（系统输入）
DO05_AutoOn	Digital Output	Board10	5	电动机上电状态（系统输出）
DO06_Estop	Digital Output	Board10	6	急停状态（系统输出）
DO07_CyclcOn	Digital Output	Board10	7	程序正在运行（系统输出）
DO08_Error	Digital Output	Board10	8	程序报错（系统输出）

2. 系统输入/输出

系统输入/输出参数配置见表 3-4-2。

表 3-4-2　系统输入/输出参数配置

系统输入/输出类型	信 号 名 称	动 作 状 态	变量	注　　释
System Input	DI07_MotorOn	Motors On	无	电动机上电
System Input	DI08_Start	Start	Continuous	程序开始执行
System Input	DI09_Stop	Stop	无	程序停止执行
System Input	DI10_StartAtMain	Start at Main	Continuous	从主程序开始执行
System Input	DI11_EstopReset	Reset Emergency Stop	无	急停复位
System Output	DO05_AutoOn	Auto On	无	电动机上电状态
System Output	DO06_Estop	Emergency Stop	无	急停状态
System Output	DO07_CycleOn	Cycle On	无	程序正在运行
System Output	DO08_Error	Execution Error	T_ROB1	程序报错

习　　题

简答题

1. 简述码垛工作站的组成。

2. 简述码垛工作站的工作过程。

第4章

工业机器人弧焊工作站系统集成

知识目标

1. 熟悉工业机器人弧焊工作站组成。

2. 掌握工业机器人弧焊工作站的工作过程。

能力目标

1. 能根据任务要求,合理选用工业机器人。

2. 能根据任务要求,完成工业机器人弧焊工作站的设计。

3. 能完成工业机器人弧焊工作站的参数配置。

素质目标

树立规范的操作意识和职业精神。

4.1 弧焊工业机器人

认识弧焊
工业机器人

4.1.1 弧焊机器人简介

1. 焊接机器人特点

焊接机器人是应用最广泛的一类工业机器人,在各国机器人应用比例中占总数的 $40\%\sim60\%$。

采用机器人焊接是焊接自动化的革命性进步,它突破了传统的焊接刚性自动化方式,开拓了一种柔性自动化新方式。焊接机器人分弧焊机器人和点焊机器人两大类。

焊接机器人的主要优点如下。

(1)易于实现焊接产品质量的稳定和提高,保证其均一性。

(2)提高生产率,一天可 24h 连续生产。

(3)改善工人劳动条件,可在有害环境下长期工作。

(4)降低对工人操作技术难度的要求。

(5)缩短产品改型换代的准备周期,减少相应的设备投资。

(6)可实现批量产品焊接自动化。

(7)为焊接柔性生产线提供技术基础。

弧焊机器人的应用范围很广,除汽车行业之外,在通用机械、金属结构等许多行业中都有广泛的应用。最常用的范围是结构钢和铬镍钢的熔化极活性气体保护焊(CO_2 焊、MAG 焊)、铝及特殊合金熔化极惰性气体保护焊(MIG 焊)、铬镍钢和铝的惰性气体保护焊以及埋弧焊等。

2. 焊接机器人标准弧焊功能

1) 再引弧功能

在工件引弧点处有铁锈、油污、氧化皮等杂物时,可能会导致引弧失败。通常,如果引弧失败,机器人会发出"引弧失败"的信息,并报警停机。当机器人应用于生产线时,如果引弧失败,有可能导致整个生产线的停机。为此,可利用再引弧功能来有效地防止这种情况的发生。

再引弧实现的步骤如图 4-1-1 所示。与再引弧功能相关的最大引弧次数、退丝时间、平移量以及焊接速度、电流、电压等参数均可在焊接辅助条件文件中设定。

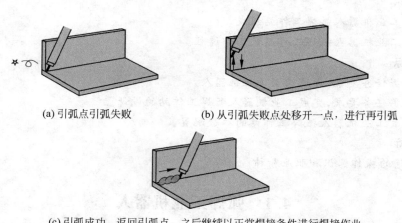

(a) 引弧点引弧失败　　　　　(b) 从引弧失败点处移开一点,进行再引弧

(c) 引弧成功,返回引弧点,之后继续以正常焊接条件进行焊接作业

图 4-1-1　再引弧实现的步骤

2) 再启动功能

因为工件缺陷或其他偶然因素,有可能出现焊接中途断弧的现象,并导致机器人报警停机。若在机器人停止位置继续焊接,焊缝容易出现裂纹。

利用再启动功能可有效地防止焊缝裂纹。利用再启动功能后,按照在"焊接辅助条件文件"中指定的方式继续动作。断弧后的再启动方法有以下三种。

(1) 不再引弧,但输出异常信号,输出"断弧、再启动中"的信息,机器人继续动作。走完焊接区间后,输出"断弧、再启动处理完成"的信息,之后继续正常的焊接动作,如图 4-1-2 所示。

(2) 引弧后,以指定搭接量返回一段,之后以正常焊接条件继续动作,如图 4-1-3 所示。

(3) 如果断弧是由机器人不可克服的因素导致的,

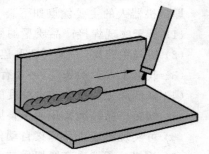

图 4-1-2　断弧后的再启动方法 1

则停机后必须由操作者手工介入。手工介入解决问题后,使机器人回到停机位置,然后按"启动"按钮,使其以预先设定的搭接量返回,之后再进行引弧、焊接等作业,如图 4-1-4 所示。

图 4-1-3　断弧后的再启动方法 2

图 4-1-4　断弧后的再启动方法 3

3）自动解除粘丝的功能

对于大多数自动焊机来说,都具有防粘丝功能。即:在熄弧时,焊机会输出一个瞬间相对高电压以进行粘丝解除。尽管如此,在焊接生产中仍会出现粘丝的现象,这就需要利用机器人的自动解除粘丝功能进行解除。若使用该功能,即使检测到粘丝,也不会马上输出"粘丝中"信号,而是自动施加一定的电压,进行解除粘丝的处理。

自动解除粘丝功能也是利用一个瞬间相对高电压以使焊丝粘连部位爆断。至于自动解除粘丝的次数、电流、电压、时间等参数均可在焊接辅助条件文件中设定。

在未使用粘丝自动解除的功能时,若发生粘丝,或者自动解除粘丝处理失败,机器人就会进入暂停状态,停机。暂停状态时,示教编程器 HOLD 显示灯亮,并且外部输出信号(专用)输出"粘丝中"的信息。

自动解除粘丝功能的实现步骤如图 4-1-5 所示。

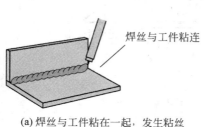

(a)焊丝与工件粘在一起,发生粘丝

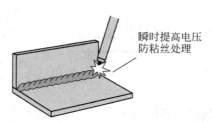

(b)瞬间的相对高电压进行粘丝解除

(c)经过焊机自身的粘丝解除处理后,粘丝仍未能解除,则利用机器人的自动解除粘丝功能

图 4-1-5　自动解除粘丝功能的实现步骤

4）渐变功能

渐变功能是在焊接的执行中,逐渐改变焊接条件的功能。即在某一区段内将电流/电压由某一数值渐变至另一数值。示意说明如图4-1-6所示。

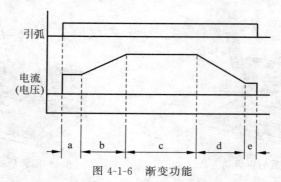

图4-1-6 渐变功能

a—以引弧条件文件中设定的规范参数引弧;b—焊接电流(电压)由小渐变大;c—以恒定的规范参数焊接;
d—焊接电流(电压)由大渐变小;e—以熄弧条件文件中设定的规范参数熄弧

对于铝材、薄板以及其他特殊材料的焊接,由于其容易导热,特别是焊接到结束点附近时,工件容易发生断裂、烧穿。若在结束焊接前,逐渐降低焊接条件,可防止工件断裂、烧穿。

5）摆焊功能

摆焊功能的利用提高了焊接生产效率,改善了焊缝表面质量。摆焊条件可在"摆焊条件文件"中设定,例如,形态、频率、摆幅以及角度等。"摆焊条件文件"最多可输入16个条件。

摆焊的动作形态有单摆、三角摆、L摆,并且其尖角可被设定为有/无平滑过渡。如图4-1-7所示为摆焊的动作形态示意图。

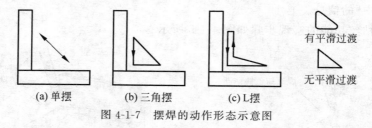

(a) 单摆　　　(b) 三角摆　　　(c) L摆

图4-1-7 摆焊的动作形态示意图

摆焊动作的一个周期可以分为四个或三个区间,如图4-1-8所示。

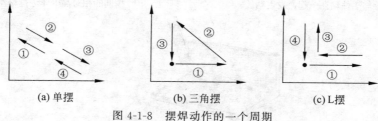

(a) 单摆　　　(b) 三角摆　　　(c) L摆

图4-1-8 摆焊动作的一个周期

在区间之间的节点上可以设定延时,延时方式有两种,即机器人停止和摆焊停止。可以根据要焊接的两种母材的可熔性,灵活地选择适当的延时方式,以取得比较理想的熔深。

4.1.2　认识弧焊工业机器人

1. 安川 MA1400 焊接机器人

1）安川 MA1400 机器人本体结构

安川 MA1400 为 6 轴弧焊专用机器人，由驱动器、传动机构、机械手臂、关节以及内部传感器等组成。它的任务是精确地保证机械手末端执行器（焊枪）要求的位置、姿态和运动轨迹。焊枪与机器人手臂可直接通过法兰连接。MA1400 机器人各部及动作轴名称如图 4-1-9 所示。

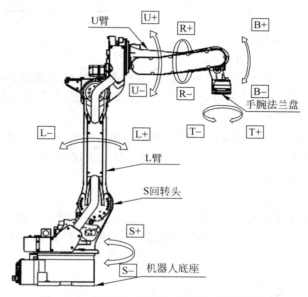

图 4-1-9　MA1400 机器人各部及动作轴名称

MA1400 工业机器人本体的技术参数见表 4-1-1。

表 4-1-1　MA1400 工业机器人本体的技术参数

安装方式		地面、壁挂、倒挂
自由度		6
负载		3kg
垂直可达距离		1434mm
水平可达距离		1743mm
最大动作范围	S 轴（旋转）	±170°
	L 轴（下臂）	+155°、−90°
	U 轴（上臂）	+190°、−175°
	R 轴（手腕旋转）	±150°
	B 轴（手腕摆动）	+180°、−45°
	T 轴（手腕回转）	±200°

最大速度	S 轴（旋转）	3.84rad/s、220°/s
	L 轴（下臂）	3.49rad/s、200°/s
	U 轴（上臂）	3.84rad/s、220°/s
	R 轴（手腕旋转）	7.16rad/s、410°/s
	B 轴（手腕摆动）	7.16rad/s、410°/s
	T 轴（手腕回转）	10.65rad/s、610°/s
允许惯性力矩	R 轴（手腕旋转）	$0.27kg \cdot m^2$
	B 轴（手腕摆动）	$0.27kg \cdot m^2$
	T 轴（手腕回转）	$0.03kg \cdot m^2$

2）MA1400 机器人的特点

（1）启动和停止瞬间的颤动小

MA1400 机器人的轻型机体与具备轨迹精度控制和振动抑制控制的 DX100 控制柜有机结合，减弱了机器人启动和停止瞬间的颤动，从而缩短了机器人的运行周期。

（2）可焊工件的范围大

MA1400 机器人采用同轴焊枪，将焊丝、焊枪电缆和冷却水管内置于机器人手臂内，消除了焊枪电缆与工件及周边设备的干涉，使机器人可以实现以前被认为比较困难的工件内部的焊接以及连续焊接和圆周焊接。

（3）送丝顺畅

送丝机构安装在最佳位置，焊丝送入焊枪电缆内时比较平直，腕部 B 轴仰起时焊枪电缆仅有轻微弯曲，如图 4-1-10 所示。机器人末端姿态变化时，焊接电缆弯曲小，保障送丝平稳，保证始终具有良好的焊接质量。

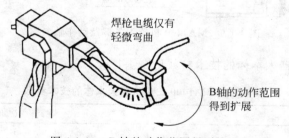

焊枪电缆仅有轻微弯曲

B轴的动作范围得到扩展

图 4-1-10　B 轴的动作范围得到扩展

（4）结构设计紧凑

机器人采用安川的扁平型交流伺服电动机，结构紧凑、响应快、可靠性高、运动平滑灵活、效率高、动作范围大。送丝机安装在机器人手臂上，位置的优化使送丝机与周边设备的干涉半径降低，仅为 325mm，而机器人最大可达半径为 1743mm。

2. DX100 控制柜

弧焊用 DX100 除了具有通用 DX100 的功能外，还内置了弧焊功能，可以根据预定的焊接程序，完成焊接参数输入、焊接程序控制及焊接系统的故障诊断。如图 4-1-11 所示为机器人控制柜及示教器。

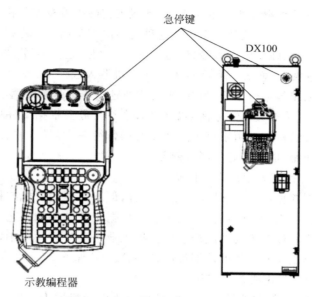

急停键

DX100

示教编程器

图 4-1-11　机器人控制柜及示教器

弧焊用 DX100 控制柜具有以下特点。

（1）通过专用的弧焊基板与所配套的焊接电源进行通信，有 2 路模拟量通道实现电流及电压参数的实时传输，可以方便地实现焊接过程中焊接电流和电压的更改。

（2）具有专门的"焊机特性文件"，设定焊接电流/电压值与焊接电流/焊接电压指令值之间的对应关系，操作者可以直观地设定焊接电流（A）/电压（V）值。

（3）可以提供 48 个"引弧条件文件"和 12 个"熄弧条件文件"，可以对每条焊缝分别设定不同引弧和熄弧条件。

（4）具有"弧焊管理功能"，可以对导电嘴的更换及清枪等机器人的焊接辅助工作进行管理。

（5）示教器具有焊接专用操作键，在输入焊接指令、送丝、退丝等操作时非常方便。

（6）在再现模式下，可以在焊接进行的同时实现焊接电流和焊接电压的调节，这样，可以大大缩短焊接规范的调整时间。

4.2　认识弧焊工作站

4.2.1　弧焊工作站简介

工业机器人弧焊工作站根据焊接对象性质及焊接工艺要求，利用焊接机器人完成电弧焊接过程。工业机器人弧焊工作站除了弧焊机器人外，还包括焊接系统和变位机系统等各种焊接附属装置。

1. 弧焊工作站的常见形式

1）简易弧焊机器人工作站

在如图 4-2-1 所示的简易弧焊机器人工作站中，在不需要工件变位的情况下，机器人的活动范围可以到达所有焊缝或焊点的位置,因此该工作站中没有变位机,是一种能用于焊接生产的、最小组成的一套弧焊机器人系统。这种类型的工作站一般由弧焊机器人(包括机器人本体、控制柜、示教盒、弧焊电源和接口、送丝机、焊丝盘、送丝软管、焊枪、防撞传感器、操作控制盘及设备间连接电缆、气管和冷却水管等)、机器人底座、工作台、工件夹具、围栏、安全保护设施和排烟系统等部分组成,另外,根据需要还可安装焊枪喷嘴清理及剪丝装置。在这种工作站中,工件只是被夹紧固定而不做变位,除夹具需要根据工件单独设计外、其他都是通用设备或简单的结构件。由于该工作站设备操作简单、容易掌握、故障率低,所以能较快地在生产中发挥作用,取得较好的经济效益。

2) 变位机与弧焊机器人组合的工作站

在这种工作站焊接作业时,工件需要变动位置,但不需要变位机与机器人协同运动,这种工作站比简易焊接机器人工作站要复杂一些。根据工件结构和工艺要求不同,所配套的变位机与弧焊器人也可以有不同的组合形式。在工业自动生产领域中,具有不同形式的变位机与弧焊机器人的工作站应用的范围最广,应用数量也最多。

(1) 回转工作台+弧焊机器人工作站

如图 4-2-2 所示为一种较为简单的回转工作台+弧焊机器人工作站。这种类型的工作站与简易弧焊机器人工作站相似,焊接时工件只需要转换位置而不改变换姿。因此,选用 2 分度的回转工作台(1 轴)只做正反 180°回转。

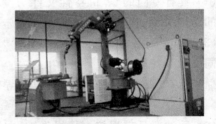

图 4-2-1　简易弧焊机器人工作站　　　　　图 4-2-2　回转工作台+弧焊机器人工作站

回转工作台的运动一般不由机器人控制柜直接控制,而是由另外的可编程控制器 PLC 控制。当机器人焊接完一个工件后,通过其控制柜的 I/O 口给 PLC 一个信号,PLC 按预定程序驱动伺服电动机或气缸使工作台回转。工作台回转到预定位置后,将信号传给机器人控制柜,调出相应程序进行焊接。

(2) 旋转-倾斜变位机+弧焊机器人工作站

在这种工作站的作业中,焊件既可以旋转(自传)运动,也可以做倾斜变位,有利于保证焊接质量。旋转-倾斜变位机可以选用两轴及以上变位机。图 4-2-3 为一种常见的旋转-倾斜变位机+弧焊机器人工作站。

这种类型的外围设备一般都是由 PLC 控制,不仅控制变位机正反 180°回转,还要控制工件的倾斜、旋转或分度的转动。在这种类型的工作站中,机器人和变位机不是协调联动的,当变位机工作时,机器人是静止的,机器人运动时,变位机是不动的。所以编程时,应先让变位机使工件处于正确焊接位置,再由机器人来焊接作业,再变位,再焊接,直到所有焊缝焊完为止。旋转-倾斜变位机＋弧焊机器人工作站比较适合焊接需要变位的小型工件,应用范围较为广泛,在汽车、家用电器等生产中常常采用这种方案的工作站,只是具体结构会因加工工件不同而有很多差别。

（3）翻转变位机＋弧焊机器人工作站

在这类工作站的焊接作业中,工件需要翻转一定角度,以满足机器人对工件正面、侧面和反面的焊接。翻转变位机由头座和尾座组成,一般头座转盘的旋转轴由伺服电动机通过变速箱驱动,采用码盘反馈的闭环控制,可以任意调速和定位,适用于长工件的翻转变位,如图 4-2-4 所示。

图 4-2-3　旋转-倾斜变位机＋弧焊机器人工作站　　　图 4-2-4　翻转变位机＋弧焊机器人工作站

（4）龙门架＋弧焊机器人工作站

图 4-2-5 是龙门架＋弧焊机器人工作站中一种较为常见的组合形式。为了增加机器人的活动范围,采用倒挂弧焊机器人的形式,可以根据需要配备不同类型的龙门机架,在图 4-2-5 工作站中配备的是一台 3 轴龙门机架。龙门机架的结构要有足够的刚度,各轴都由伺服电动机驱动、码盘反馈闭环控制,其重复定位精度必须要求达到与机器人相当的水平。龙门机架配备的变位机可以根据加工工件来选择,图 4-2-5 中就是配备的一台翻转变位机。对于不要求机器人和变位机协调运动的工作站,机器人和龙门机架分别由两个控制柜控制,因此,在编程时,必须协调好龙门机架和机器人的运行速度。一般这种类型的工作站主要用来焊接中大型结构件的纵向长直焊缝。

（5）滑轨＋弧焊机器人工作站

滑轨＋弧焊机器人工作站的形式如图 4-2-6 所示,一般弧焊机器人在滑轨上移动,类似于龙门机架＋弧焊机器人的组合形式。在这种类型的工作站主要焊接中大型构件,特别是纵向长焊缝/纵向间断焊缝、间断焊点等,变位机的选择是多种多样的,一般配备翻转变位机的居多。

3）弧焊机器人与周边设备协同作业的工作站

随着机器人控制技术的发展和弧焊机器人应用范围的扩大,机器人与周边辅助设备做协调运动的工作站在生产中的应用越来越广泛。目前由于各机器人生产厂商对机器人的控制技术(特别是控制软件)不对外公开,不同品牌机器人的协调控制技术各不相同。有的一台控制柜可以同时控制两台或多台机器人做协调运动,有的则需要多台控制柜;有的一台控制柜可以同时控制多个外部轴和机器人做协调运动,而有的设备则只能控制一个外部轴。目前国内外使用的具有联动功能的机器人工作站大多是由机器人生产厂商自主全部成套生产。若有专业工程开发单位设计周边变位设备,则必须选用机器人公司提供的配套伺服电动机及驱动系统。

图 4-2-5　龙门架＋弧焊机器人工作站

图 4-2-6　滑轨＋弧焊机器人工作站

（1）弧焊机器人与周边变位设备做协调运动的必要性

在焊接时，如果焊缝各点的熔池始终都处于水平或小角度下坡状态，焊缝外观平滑美观，焊接质量高。但是，普通变位机很难通过变位实现整条焊缝都处于这种理想状态，例如球形、椭圆形、曲线、马鞍形焊缝或复杂形状工件周边的卷边接头等。为达到这种理想状态，焊接时变位机必须不断改变工件位置和姿态。也就是说，变位机要在焊接过程中做相应运动而非静止，这是有别于前面介绍的不做协同运动的工作站。变位机的运动必须能共同合成焊缝的轨迹，并保持焊接速度和焊枪姿态在要求范围内，这就是机器人与周边设备的协调运动。近年来，采用弧焊机器人焊接的工件越来越复杂，对焊缝的质量要求也越来越高，生产中采用与变位机做协调运动的机器人系统也逐渐增多。但是，具有协调运动的弧焊机器人工作站成本要比普通的工作站高，用户应该根据实际需要，决定是否选用这种类型的工作站。

（2）弧焊机器人与周边设备协同作业的工作站应用实例

在协同作业的工作站组成中，理论上所有可用伺服电动机的外围设备都可以和机器人协调联动，前提是伺服电动机（码盘）和驱动单元由机器人生产厂商配套提供，而且机器人控制柜有与外围设备做协调运动的控制软件。

① 标准节弧焊机器人工作站。本工作站采用单机器人双工位的焊接方式。由于工件焊缝为对角焊缝，且工件焊缝不集中，分布位置复杂，因此将焊接工件放在和机器人协调运动的变位上，再对其进行焊接。工作站结构如图 4-2-7 所示。工作站主要由弧焊机器人、焊接电源、焊接变位机（双轴和单轴焊接变位机）、焊接夹具、清枪站、系统集成控制柜等组成。

在本工作站中，由于工件体积偏大，所以工件的装卸采用吊装；焊接时采用单丝气体保护焊；机器人配置 FANUC 电缆外置型机器人，焊接电源配置为 OTC 数字电源进行焊接。

该工作站的主要动作流程为：将点固好的工件在双轴变位机上装夹好→启动机器人→弧焊机器人开始起弧焊接→焊接完毕→将焊接好的工件吊装到单轴变位机上点焊固定→启动机器人焊接。以此类推，焊接整个工件后，进行下一步循环（焊接同时变位机与机器人协调运动）。

② 管状横梁机器人焊接工作站。加工工件为管状横梁（见图 4-2-8）。管状横梁主要由中间弯管、两侧法兰及两端加强筋组焊而成，焊缝形式多为对接焊缝。焊接方法采用 MAG（metal active gas arc welding）焊，工件装卸方式采用人工装卸。

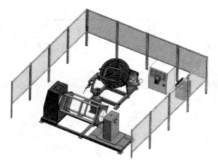

图 4-2-7　标准节弧焊机器人工作站

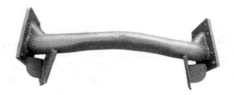

图 4-2-8　管状横梁

本工作站采用的结构组成如图 4-2-9 所示。本工作站采用单机器人配置三轴气动回转变位机的焊接方式,两个工位操作,A 工位装夹,B 工位焊接;工作站主要包括弧焊机器人、焊接电源、送丝系统、三轴气动回转变位机、焊接夹具、清枪器、系统集成控制柜等。

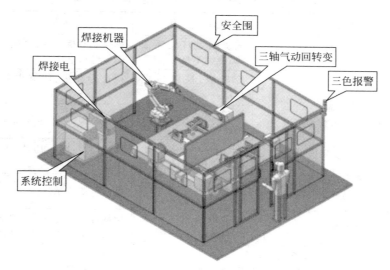

图 4-2-9　管状横梁＋三轴变位机焊接工作站

该工作站的主要工作流程为:将工件在焊接夹具上装夹→三轴气动旋转变位机旋转 180°→A 工位焊接完成→三轴气动旋转变位机旋转 180°→A 工位二次装夹(B 工位焊接)→B 工位焊接完成→三轴气动旋转变位机旋转 180°→A 工位焊接(B 工位装夹)→将工件卸载→进行下一循环。

2. 弧焊系统故障诊断

1)故障检查点

在焊接过程中出现异常状况时,按照表 4-2-1 的要点进行检查。

2)电气回路故障

电气回路部分的异常状态、原因及对策见表 4-2-2。

表 4-2-1　焊接异常时的检查要点

熔接法（焊接方法）	确认选择的熔接法（焊接方法）与使用的焊丝材料、焊丝直径、焊接保护气相匹配
参数	确认是否因为修改参数而引起焊接异常。记下修改参数后，返回初始数据，对焊接进行确认
焊接电压指令方法 自动/个别	确认焊接电源的"自动/个别"选择与机器人的"自动/个别"是否一致。焊接电源的"自动/个别"选择由"自动/个别"按钮进行设定。设定为"自动"时，自动 LED 指示灯点亮。如果两者不对应，面板上将显示异常焊接电压值
电动机选择	确认电动机种类的选择是否正确，确认 C09 的设定值（0：印刷电路式伺服马达；1：伺服焊枪；2：机械伺服电动机）。电动机选择出现错误，送丝量将偏离指令值，从而无法进行正常焊接
电压检出线	电压检出线未连接或断路时，焊接中的电压表将显示约 0V，并输出错误提示 Err702（电压检出线异常）
编码器电缆	编码器电缆断路或 A、B 相接反时，送丝速度将会异常加快，送丝速度将显示为"0"，并发出错误提示 Err501（送丝异常）

表 4-2-2　电气回路部分的异常状态、原因及对策

序号	异常状态		原因	措施与检查
1	电源开关接通后，电源指示灯不点亮		电源指示灯发生故障、接触不良	更换电源指示灯、检查导电接触情况、确认输入电压
2	电源开关接通，冷却扇不运转	电源指示灯点亮	冷却扇、控制电路故障	检查冷却扇、印制电路板 Pr（MB）-030,Pr（SD）-006
			熔管 F1、F2（2A）烧断	调查原因，然后更换熔管
			Pr（SD）-006 基板上的熔管（10A）烧断	调查原因，更换 Pr（SD）-006 基板上的熔管（10A）
		电源指示灯不亮	电源指示灯发生故障、接触不良	更换电源指示灯、检查接触情况
3	有启动信号但不起弧		启动信号没有传递给焊接电源	确认焊接指令电缆、检查印制基板上的插头 Pr（MB）-030（AIF1）插入情况
4	有启动信号但电动机不运转	电动机端子（插口 CON4 的端子 A 与端子 B）中施加电压	电动机故障	更换电动机
		电动机端子（插口 CON4 的端子 A 与端子 B）中没有施加电压	设备控制电缆断路、插口接触不良；Fr（SD）-006 基板上的熔管（10A）烧断	更换设备控制电缆、检查接触情况，调查原因后，更换 Fr（SD）-006 基板上的熔管（10A）
			基板 Fr（SD）-006 故障	检查并更换基板 Fr（SD）-006
5	无法调节焊接电流	来自机器人的焊接电流指令不能进行调节	来自机器人的模拟量指令不正常	检查机器人侧的模拟量指令输出情况
6	无法调节焊接电压	来自机器人的焊接电压指令无法进行调节	来自机器人的模拟量指令不正常	检查机器人侧的模拟量指令输出情况

续表

序号	异常状态	原　因	措施与检查
7	数字仪表显示异常	参照故障代码	参照故障代码
8	电源开关跳闸,不能接通电源	输入二极管损坏	与厂家联系
		主电路晶体管(IGBT)损坏	
9	不能气体调节,不能停止	气体电磁阀出现故障	对送气系统进行调查
		Pr(SD)-006 基板上的熔管(10A)烧断	调查原因后,更换 Fr(SD)-006 基板上的熔管(10A)
		基板(SD)-006 出现问题	检查基板(SD)-006 并进行更换
		基板(SD)-006 的安装不正确(基板(SD)-006 无法使用)	更换为基板(SD)-006

4.2.2　弧焊工作站的工作任务

1. 焊接任务及工艺要求

工业机器人弧焊工作站的工作任务是将钢管焊接在底板上,材料形状如图 4-2-10 所示。焊接工艺见表 4-2-3。

表 4-2-3　焊接工艺

焊接工艺参数	焊接方法	焊材/规格	电源极性	焊接电流/A	焊接电压/V	焊接速度/(cm/min)	导电嘴与母材间距/min	气体流量/(L/min)
	MAG	ER50-6/ϕ1.2	直流正接	110～150	22～26	35～45	13～16	13～15
焊接技术要求	(1) 焊前准备:在坡口及坡口边缘各 20mm 范围内,将油、污、锈、垢、氧化皮清除,直至呈现金属光泽 (2) 焊缝表面无裂纹、气孔及咬边等缺陷为合格 (3) 焊缝余高:$e \leqslant 1.5$mm							

焊缝坡口尺寸及熔敷如图 4-2-11 所示。

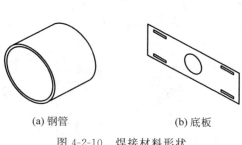

(a) 钢管　　　(b) 底板

图 4-2-10　焊接材料形状

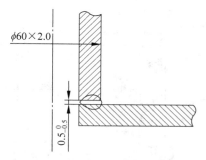

$\phi 60 \times 2.0$

$0.5_{-0.5}^{\ 0}$

图 4-2-11　焊缝坡口尺寸及熔敷图

2. MAG 焊接方法

MAG 焊是熔化极活性气体保护电弧焊的英文简称。它是在氩气中加入少量的氧化性气体(氧气、二氧化碳或其混合气体)混合而成的一种混合气体保护焊。我国常用的是 80% Ar+20% CO_2 的混合气体,由于混合气体中氩气占的比例较大,故常称为富氩混合气体保护焊。

采用活性混合气体作为保护气体具有下列作用。

(1)提高熔滴过渡的稳定性。

(2)稳定阴极斑点,提高电弧燃烧的稳定性。

(3)改善焊缝熔深形状及外观成形。

(4)增大电弧的热功率。

(5)控制焊缝的冶金质量,减少焊接缺陷。

(6)降低焊接成本。

焊接时采用惰性气体与氧化性气体(活性气体),如 $Ar+O_2$、$Ar+CO_2$、$Ar+CO_2+O_2$、$Ar+He$ 等混合气体作为保护气体。MAG 焊主要适用于碳钢、合金钢和不锈钢等黑色金属的焊接,尤其在不锈钢的焊接中得到广泛应用。

4.2.3　弧焊工作站的组成

机器人弧焊工作站的形式多种多样,如图 4-2-12 所示为机器人弧焊工作站。

一个完整的工业机器人弧焊系统由机器人系统、焊枪、焊接电源、送丝装置、焊接变位机等组成,如图 4-2-13 所示。

图 4-2-12　机器人弧焊工作站

1. 弧焊机器人系统

弧焊机器人系统包括安川 MA1400 机器人本体、DX100 控制柜以及示教器。安川 MA1400 机器人系统如图 4-2-14 所示。

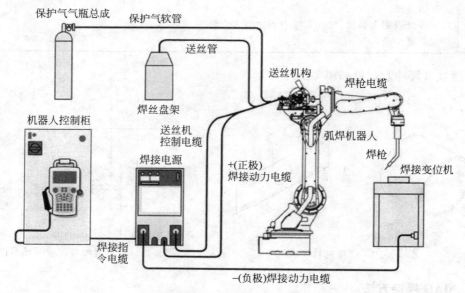

图 4-2-13　工业机器人弧焊系统图

图 4-2-14　安川 MA1400 机器人系统

2. 弧焊电源

1）弧焊电源的选型

弧焊电源是用来对电弧焊接提供电能的一种专用设备,是电弧焊接设备中的核心部分。弧焊电源和一般电力电源不同,它必须具有弧焊工艺所要求的电气性能,如合适的空载电压、一定形状的外特性、良好的动特性和灵活的调节特性等。

（1）弧焊电源的类型

弧焊电源有各种分类方法,按输出电流种类分,有直流、交流和脉冲三大弧焊电源类型。按输出外特性特征分,有恒流特性、恒压特性和介于这两者之间的缓降特性三类。

（2）弧焊电源的特点和适用范围

工业上普遍应用的是交流和直流弧焊电源,而脉冲弧焊电源目前只在有限范围内使用。弧焊电源基本特点和适用范围见表 4-2-4。

表 4-2-4　弧焊电源基本特点和适用范围

类　　型		特　　　点	适　用　范　围
交流弧焊电源	弧焊变压器	结构简单、易造、易修。耐用、成本低、磁偏吹小、空载损耗大、噪声小,但其电弧稳定性较差、功率因数低	酸性焊条电弧焊、埋弧焊和 TIG 焊
	矩形波（方波）弧焊电源	电流过零点极快,其电弧稳定性好,可调节参数多,功率因数高,设备较复杂成本较高	焊条电弧焊、埋弧焊和 TIG 焊
直流弧焊电源	弧焊整流器	与直流弧焊发电机相比,空载损耗小、节能、噪声小、控制与调节灵活方便、适应性强、技术和经济指标高	各种弧焊
	直流弧焊发电机	由柴(汽)油发电机驱动发电机而获得直流电,输出电流脉动小,过载能力强,但空载损耗大、效率低、噪声大	各种弧焊
脉冲弧焊电源		输出幅值、周期变化的电流,效率高,可调参数多,调节范围宽而均匀,热输入可精确控制,设备较复杂	TIG、MIG、MAG 焊和等离子弧焊

2）数字式逆变焊接电源 RD350S

机器人焊接工作站选用 MOTOMAN 焊接机器人专业数字式逆变焊接电源 RD350S，如图 4-2-15 所示。

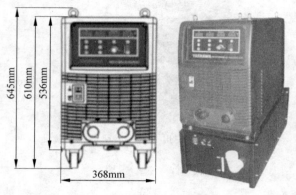

图 4-2-15 RD350S 焊接电源

机器人控制柜 DX100 通过焊接指令电缆向焊接电源发出控制指令，如焊接参数（焊接电压、焊接电流）、起弧、息弧等。

（1）RD350S 弧焊电源额定规格

RD350S 弧焊电源额定规格见表 4-2-5。

表 4-2-5 RD350S 弧焊电源额定规格

焊接电源名称	全功能逆变式脉冲气体保护焊机
额定输入电压、相数	AC 400V（1±10%）V，三相
额定频率	50/60Hz 通用
额定输入频率	18kV·A、15kW
输出电流范围	30～350A（根据焊丝粗细有所不同）
额定使用率	100%（以 10min 为周期）
熔接法（焊接方法）	CO_2 短路焊接、MAG/MIG 短路焊接、脉冲焊接、EAGL 短路焊接
适用母材	碳钢、不锈钢、铝合金、镀锌钢板
送丝机构	初始设定 C09＝3，为双驱印刷电动机；C09＝0，为 WF310ELC 型电动机；C09＝2，为双驱柱式电机；C09＝4，为双驱印刷电动机（铝焊）；C09＝9，为伺服电动机
送丝速度	1.5～18m/min
编码器电缆	标准 5m，最大 7m
保护气体调整时间	大约 20s（可调整）
预送气时间（起弧前的送气时间）	大约 0.06s（可调整）
滞后气时间（熄弧后的送气时间）	大约 0.5s（可调整）
粘丝防止时间	大约 0.2s（可调整）
侦测电压（选型）	波峰值 220（1±20%）V（为全波整流波线）
焊接电压设定方法	通过自动/个别按钮切换
接触起弧功能	D-2 参数选择 1、2、3、4，进行有效设置

续表

使用者内容	文件数：4个 D-1参数选择1时，可以进行焊机面板/机器人切换
电流、电压波形控制的调整	可通过使用者内容中的P参数进行调整
机器人接口	有
输出设定（模拟量指令输入）	0～14V（设置的电压、电流和送丝速度在焊接电源面板上显示）
外形尺寸（长×宽×高）	693mm×368mm×610mm（不包括螺丝及吊环螺栓等部分）
质量	大约70kg

（2）RD350S弧焊电源容量配备及接线规格

焊接电源的额定输入电压为三相380V/400V，应尽可能使用稳定的电源电压，电压波动范围在额定输入电压值±10%以上时，将不能满足所要求的焊接条件，还会导致焊接电源出现故障。

为了安全起见，每个焊接电源均须安装无熔管的断路器或带熔管的开关；母材侧电源电缆必须使用焊接专用电缆，并避免电缆盘卷，否则因线圈的电感储积电磁能量，二次侧切断时会产生巨大的电压突波，从而导致电源出现故障。

电源容量配备及接线规格见表4-2-6。

表 4-2-6　电源容量配备及接线规格

配电设备容量/(kV·A)	20
熔管额定电流/A	45
输入侧电缆截面积/mm²	8以上
母材侧电缆截面积/mm²	60以上
接地电缆截面积/mm²	14以上

（3）RD350S弧焊电源电气系统接线

① 电源侧的接线。电源侧接线如图4-2-16所示。电源线及接地线连接在焊接电源背面的输出端子台上，线缆规格要符合表4-2-6的规定。

② 焊接侧的接线。焊接侧接线如图4-2-17所示。

a. 焊接电缆：焊枪与电源输出端子（＋）之间接线。

b. 母材侧电缆：母材与输出电源（－）之间接线。

c. 焊接电压检出线：母材与插口CON8之间接线。

如果不连接焊接电压检出线，将会出现错误提示Err702（电压检出线异常），致使无法焊接。

③ 控制电缆接线。将各种控制电缆与焊接电源背面的插口连接，将插头拧紧，直到完全固定为止，如图4-2-16所示。

a. 将机器人控制柜的以太网电缆与插口CON8相连接。

b. 将机器人基座的控制电缆与插口CON6相连接。

④ 接地。为了安全使用，在焊接电源背面下部设计了接地端子（M6紧固端子），使用14mm²以上的电缆接地。

另外，母材侧的接地如图4-2-17所示，对母材侧单独接地。如果没有接地线，在母材中

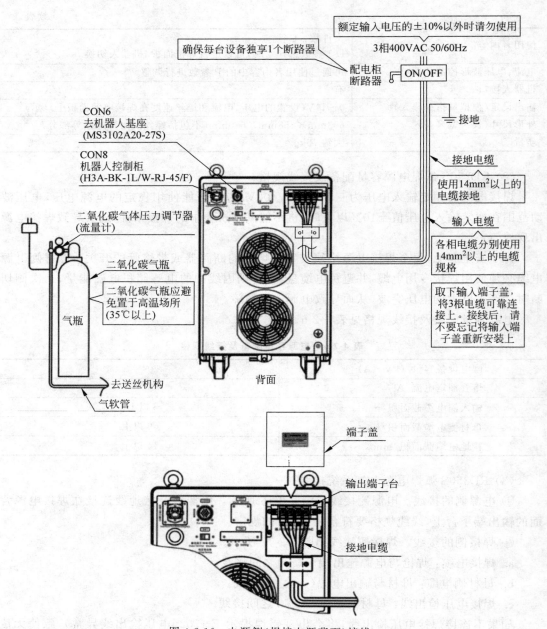

图 4-2-16 电源侧(焊接电源背面)接线

会产生电压,从而引起危险。同时,在焊接电源和母材之间要采用专用的母材侧电缆接线。

(4) 焊接电压检出线的接线

① 单台焊接电源单工位焊接。在进行焊接电压检出线的接线作业时,务必严格遵守以下各项内容,否则焊接时飞溅的量可能增加。

a. 焊接电压检出线应连接到尽可能靠近焊接处。

b. 尽可能将焊接电压检出线与焊接输出电缆分开(间隔至少保持在 100mm 以上)。

c. 焊接电压检出线的接线须避开焊接电流通路。

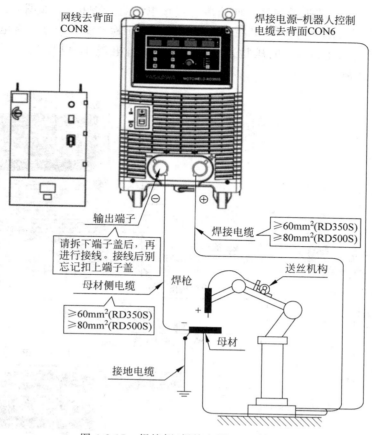

图 4-2-17 焊接侧(焊接电源正面)接线

② 单台焊接电源。采用多工位焊接时,其焊接电压检出线的连接如图 4-2-18 所示,将焊接电压检出线连接到距离焊接电源最远的工位。

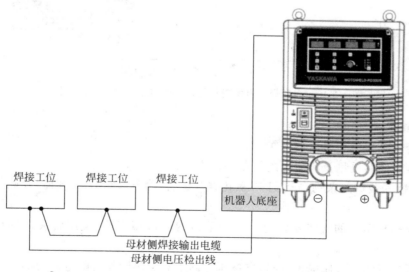

图 4-2-18 多工位焊接时焊接电压检出线的连接

③ 多台焊接电源单工位焊接。使用多台焊接电源进行焊接时，如图 4-2-19 所示，将各自母材侧焊接输出电缆配至焊接工件附近。母材侧电压检出线须避开焊接电流通路进行接线，尤其是焊接输出电缆 A、电压检出线 B、焊接输出电缆 B、电压检出线 A，至少保持 100mm 以上的距离。

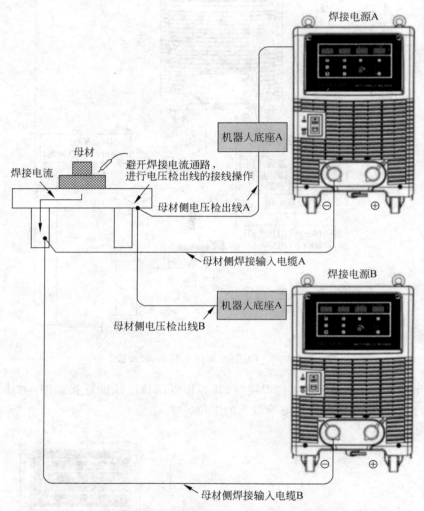

图 4-2-19　多台焊接电源进行焊接时焊接电压检出线的连接

（5）焊接保护气系统的连接

① 混合气及二氧化碳气体保护焊。

a. 确认气体的质量及所使用的气瓶的种类无误。

清除气瓶安装口的杂物，安装上二氧化碳气体、混合气体（MAG 气体）及氩气兼用的压力调整器。

b. 送丝机构附带的气体软管与压力调整器的出口相连接，使用管夹以确保气管紧固连接。

c. 使用二氧化碳气体保护焊时，准备压力调整器加热所需要的电源为 AC100V。

② 焊接用气体与气瓶的注意事项。气瓶属于高压容器,一定要妥善安放。气体调整器的安装要根据相应的"使用说明书"小心操作。

a. 气瓶的放置场所。要将气瓶安放在指定的"气体容器放置地点"并且避免阳光直射。必须放置于在焊接现场时,一定要把气瓶垂直立放并使用气瓶固定板加以固定,以免翻倒,如图4-2-20所示。同时,要避免焊接电弧的辐射及周围其他物体的热影响。

b. 气瓶的种类。盛放二氧化碳气体的气瓶一般分为两种:一种是非虹吸式;另一种是虹吸式。如果将附带的二氧化碳气体压力调整器直接安装在虹吸式气瓶上,瓶内物质将以液态形式进入气体压力调整器,从而使减压装置出现故障,无法正常工作。另外,在压力异常高时安全阀会动作,此时应马上停止使用,并查找原因,以避免事故的发生。

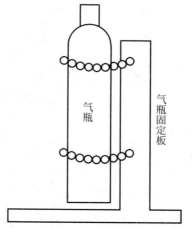

图 4-2-20　防止气瓶翻倒的固定措施

c. 焊接保护气的质量。用于保护电弧的混合气体、二氧化碳气体及氩气中有水分或杂质时,会造成焊接质量下降,因此,须使用含水分少的高纯度气体。

混合气体:使用80%氩气+20%二氧化碳的混合气体(MAG气体)。混合气体的混合比例恒定,有利于焊接质量的稳定性。特别是使用脉冲焊接时,氩气的比例少于80%时,脉冲焊接的质量将难以得到保证。

二氧化碳气体:使用"焊接专用"二氧化碳气体(水分含有率在0.005%以下或更少)。如果二氧化碳气体中水分过多,则会导致焊接缺陷,甚至可能在气体调整器中出现结冰现象,从而影响保护气的流出。

d. 气体压力调整器。气体压力调整器兼作流量计使用,应与所使用的保护气相匹配。气体压力调整器的示例见表4-2-7。

表 4-2-7　气体压力调整器

规　格	适 合 气 体	备　注
FCR-2505A	002、MAG	仪表:二次压力显示,兼用于显示流量;加热:AC100V、190W
FCR-225	02、MAG、Ar	仪表:一次压力显示,浮球式流量计;加热:AC100V、190W

(6)焊接准备

焊接准备的步骤见表4-2-8。

表 4-2-8　焊接准备

序号	项　目	内　容
1	焊丝的安装	将适合焊接的焊丝正确安装入送丝机构,确保焊丝的直径与所使用的送丝轮的直径一致
2	焊枪的确认	确认所使用的导电嘴是否与焊丝直径一致
3	配电柜的断路器闭合	先确认配电柜的电源接线是否正确,检查无误后闭合断路器

续表

序号	项　目	内　　容
4	焊接电源的接通	合上焊接电源的开关,焊接电源前面板上的指示灯点亮,背面的冷却扇开始运转。在不起弧的状态下,冷却扇约 5min 后停止运转。一旦起弧焊接,冷却扇将会自动开始运转
5	送丝电动机的设定	对送丝电动机的种类进行设定(通过变更参数 C09 的数值进行设定)
6	焊接电压指令方法的设定	模拟通信模式下,按"自动/个别"按钮,对焊接电源的"自动/个别"进行设定。选择自动设定时,"自动/个别"按钮上的 LED 灯将点亮。初始状态为自动设定
7	机器人侧的设定	对机器人的焊接机特性文件(包括自动/个别)进行设定
8	焊接方法的选择	模拟通信模式下,通过面板上的"熔接法(焊接方法)/Type"设定熔接法(焊接方法)的编号。根据保护气的类别、焊丝的类别、短路焊接/脉冲焊接来选择熔接法
9	面板显示值的确认	确认焊接机面板显示的电压、电流、送丝速度的设定值及熔接法(焊接方法)的设定。修改从机器人侧发出的指令值,确认面板显示值的变化
10	点动送丝	机器人发出点动送丝指令,送出焊丝一直到其从焊枪前端露出
11	调整保护气的流量	(1) 将气体调整按钮打开,LED 灯点亮,气体送出可持续 20s,20s 后自动停止送出气体(可通过参数 C00 调整时间) (2) 将气瓶上的阀门向左旋转,打开气阀 (3) 旋转气体调整器上的旋钮,将流量调整至焊接所需要的流量。一般而言,流量在 10～25L/min 较为适宜,焊接电流越大,所需保护气流量也应当越大
12	条件记忆(焊接条件的存储)	在关闭焊接电源前,请执行"条件记忆",存储焊接条件。请按照以下方法进行操作。按下"条件记忆"按钮约 3s,数据保存过程中请不要切断焊接电源。焊接条件存储完毕后,面板上的 LED 灯会再次点亮
13	准备完毕	

(7) 焊接电源面板

焊接电源面板如图 4-2-21 所示。

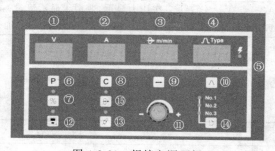

图 4-2-21　焊接电源面板

① 仪表。焊接电源面板上①、②、③、④仪表的显示内容见表 4-2-9,状态不同显示也将有所不同。

表 4-2-9　焊接电源面板上仪表的显示内容

状　态		V **25.0** ① 电压表	A **15.0** ② 电流表	-8- m/min **5.0** ③ 送丝速度表	Type **11** ④ 焊接方法表
待机时	参数 C32 = 0 时（指令值显示）	显示设定的焊接电压值（V）	显示设定的焊接电流值（A）	显示设定的焊接电流所对应的送丝速度（m/min）	显示焊接方法（Type）
	参数 C32 = 1 时（待机显示）	显示 0.0	显示 0	显示 0.0	显示焊接方法（Type）
焊接时手动送丝时		显示反馈的焊接的实时焊接电压值（V）	显示反馈的焊接的实时焊接电流值（A）	显示反馈的送丝电动机的送丝速度（m/min）或者显示电机电流（通过 D-1 参数 5 进行切换）	显示焊接方法（Type）
参数设定时		显示参数的编号	通常显示为"--"，如果选择接触起弧时，在 PO1 处显示为"_"	显示为参数的比率%，或者 C、D 参数值	显示焊接方法（Type）

② 电源指示灯。焊接电源面板上电源指示灯⑤的状态见表 4-2-10。

表 4-2-10　焊接电源面板上电源指示灯状态

项目	内　容	说　明
⑤	电源指示灯	焊接电源接通后，该灯点亮

③ 设定按钮。焊接电源面板上设定按钮的功能见表 4-2-11。

表 4-2-11　焊接电源面板上设定按钮的功能

项目	内　容	说　明
⑥	参数选择（P 参数）	待机时，按"参数选择"进入设定状态。①中显示"P.00"、③中显示参数的设定值，再次按"参数设定"则退回到待机状态（仅在"使用者内容选择"时有效）
⑦	自动/个别的切换	切换焊接电压设定方法。 自动设定：（从机器人控制柜侧，将输出电压设定为%）LED 亮灯。 个别设定：（从机器人控制柜侧，通过焊接电压指令，设定输出电压）LED 熄灯
⑧	共通参数选择（C 参数）	待机时，按"共通参数选择"进入设定状态。①中显示"C.00"、③中显示共通参数的设定值，按"共通参数选择"退回到待机状态
⑨	参数设定	进行参数设定时，对参数序号与参数设定值的选择状态进行切换。闪烁的仪表为所选项目
⑩	焊接方法的选择（本按键设置只在模拟通信模式下可用）	待机时，按"焊接方法选择"进入设定状态，此时可对焊接方法进行变更。④处开始闪烁。再次按下后，进入确定熔接法（焊接方法）（Type）的设定状态，④处停止闪烁

项目	内 容	说 明
⑪	编码器旋钮	对设定进行修改时可使用该处按钮。按下时进行数位移动。左右旋转进行数值增减的操作
⑫	条件记忆	用于保存设定内容。对设定内容进行修改时,LED 灯将会闪烁。要想保存设定内容,则须持续 3s 以上按下条件记忆按钮。此时,如果关闭电源,则会造成保存失败,务必等待面板上的灯再次点亮。对设定内容进行保存后,即使关闭焊接电源后再通电,所设定的内容也能得以再次确认而不会丢失。如果不希望保存修改内容,则请关闭后再打开电源
⑬	气体检查	对气体进行确认。按下气体检查按钮,LED 灯点亮,气体将持续放气 20s。(初始设定值为 20s;通过 C00 参数可对时间进行调整)在此过程中再次按下气体检查按钮,气体将停止释放
⑭	使用者内容选择(本按键设置只在模拟通信模式下可用)	可通过该按钮选择保存 P 参数设定修改内容的文件。按下按钮,显示文件序号"File No."的 LED 指示灯将轮流点亮
⑮	送丝检查	对送丝进行确认。按下送丝检查按钮电机将送丝

3. 焊枪

焊枪利用焊接电源的高电流、高电压产生的热量聚集在焊枪终端,融化焊丝,融化的焊丝渗透到需焊接的部位,冷却后,被焊接的物体牢固地连接成一体。

焊枪的种类很多,根据焊接工艺的不同,选择相应的焊枪。对于机器人弧焊工作站而言,采用的是熔化极气体保护焊。

1) 焊枪的选择依据

对于机器人弧焊系统,选择焊枪时,应考虑以下几个方面。

(1) 选择自动型焊枪,不要选择半自动型焊枪。半自动型焊枪用于人工焊接,不能用于机器人焊接。

(2) 根据焊丝的粗细、焊接电流的大小以及负载率等因素选择空冷式或水冷式的结构。

细丝焊时因焊接电流较小,可选用空冷式焊枪结构;粗丝焊时焊接电流较大,应选用水冷式焊枪结构。

空冷式和水冷式两种焊枪的技术参数比较见表 4-2-12。

表 4-2-12　空冷式和水冷式两种焊枪的技术参数比较

型号	Robo 7G	Robo 7W
冷却方式	空冷	水冷
暂载率(10min)	60%	100%
焊接电流(Mix)	325A	400A
焊接电流(CO_2)	360A	450A
焊丝直径	1.0~1.2mm	1.0~1.6mm

(3) 根据机器人的结构选择内置式或外置式焊枪。内置式焊枪安装要求机器人末端轴的法兰盘必须是中空的。一般专用焊接机器人如安川 MA1400,其末端轴的法兰盘是中空的,应选择内置式焊枪,通用型机器人如安川 MH6 应选择外置式焊枪。

（4）根据焊接电流、焊枪角度选择焊枪。焊接机器人用焊枪大部分和手工半自动焊用的鹅颈式焊枪基本相同。鹅颈的弯曲角一般都小于45°。根据工件特点选不同角度的鹅颈，以改善焊枪的可达性。若鹅颈角度选得过大，送丝阻力会加大，送丝速度容易不稳定，而角度过小，一旦导电嘴稍有磨损，常会出现导电不良的现象。

（5）从设备和人身安全方面考虑应选择带防撞传感器的焊枪。

2）焊枪的结构

焊枪一般由喷嘴、导电嘴、气体分流环、绝缘套、枪管（枪颈）、防碰撞传感器（可选）等部分组成，如图4-2-22所示。

为了更稳定地将电流导向电弧区，在焊枪的出口装一个紫铜导电嘴。导电嘴的孔径和长度因不同直径的焊丝而不同。既要保证导电可靠，又要尽可能减小焊丝在导电嘴中的行进路程，以减少送丝阻力，保证送丝的通畅。导电嘴有锥形、椭圆形、镶套形、锥台形、圆柱形、半圆形、滚轮形7种形式。

图4-2-22　焊枪的结构
1—枪颈；2—绝缘套；3—分流环；
4—导电嘴；5—喷嘴

喷嘴是焊枪上的重要零件，其作用是向焊接区域输送保护气体，防止焊丝末端、电弧和熔池与空气接触。喷嘴的材料、形状和尺寸对气体保护效果和焊接质量有着十分密切的关系。为了减少飞溅物的粘结，喷嘴应由熔点较高、导热性较好的材料（如紫铜）制造，有些表面还需镀铬，以提高其表面光洁度和熔点。

3）防撞传感器

对于弧焊机器人除了要选好焊枪以外，还必须在机器人的焊枪把持架上配备防撞传感器，防撞传感器的作用是当机器人在运动时，万一焊枪碰到障碍物，能立即使机器人停止运动（相当于急停开关），避免损坏焊枪或机器人。如图4-2-23所示为泰佰亿TBi KS-1防撞传感器，其轴向触发力为550N，重复定位精度（横向）为±0.01mm（距绝缘法兰端面300mm处测得）。

4）安川MA1400机器人焊枪

安川MA1400机器人安装的焊枪型号为SRCT-308R，内置防撞传感器，外观如图4-2-24所示。

图4-2-23　TBi KS-1防撞传感器

图4-2-24　SRCT-308R焊枪

SRCT-308R 型焊枪的技术参数见表 4-2-13。

表 4-2-13　SRCT-308R 型焊枪的技术参数

项　　目	参　　数
额定电流（CO_2）/A	350
额定电流（MAG）/A	300
使用率/%	60
适用焊丝直径/mm	0.8～1.2
冷却方式	空冷
电缆长度/m	0.8～5

4. 送丝机

1）送丝机的选择

（1）送丝机的类型

① 送丝机按安装方式分为一体式和分离式两种。

将送丝机安装在机器人上臂的后部与机器人组成一体为一体式；将送丝机与机器人分开安装为分离式。

由于一体式送丝机到焊枪的距离比分离式的短，连接送丝机和焊枪的软管也短，所以一体式送丝机的送丝阻力比分离式的小。从提高送丝稳定性的角度看，一体式比分离式要好一些。一体式送丝机虽然送丝软管比较短，但有时为了方便换焊丝盘，而把焊丝盘或焊丝桶放在远离机器人的安全围栏之外，这就要求送丝机有足够的拉力从较长的导丝管中把焊丝从焊丝盘（桶）拉过来，再经过软管推向焊枪，对于这种情况，和送丝软管比较长的分离式送丝机一样，应选用送丝力较大的送丝机。忽视这一点，往往会出现送丝不稳定甚至中断送丝的现象。

目前，弧焊机器人的送丝机采用一体式的安装方式已越来越多了，但对要在焊接过程中进行自动更换焊枪（变换焊丝直径或种类）的机器人，必须选用分离式送丝机。

② 送丝机按滚轮数分为一对滚轮和两对滚轮两种。

送丝机的结构有一对送丝滚轮的，也有两对滚轮的；有只用一个电动机驱动一对或两对滚轮的，也有用两个电动机分别驱动两对滚轮的。

从送丝力来看，两对滚轮的送丝力比一对滚轮的大些。当采用药芯焊丝时，由于药芯焊丝比较软，滚轮的压紧力不像实心焊丝时那么大，为了保证有足够的送丝推力，选用两对滚轮的送丝机可以有更好的效果。

③ 送丝机按控制方式分为开环和闭环两种。

目前，大部分送丝机仍采用开环控制方法，也有一些采用装有光电传感器（或编码器）的伺服电动机，使送丝速度实现闭环控制，不受网路电压或送丝阻力波动的影响，保证送丝速度的稳定性。

对填丝的脉冲 TIG 焊来说，可以选用连续送丝的送丝机，也可以选用能与焊接脉冲电流同步的脉动送丝机。脉动送丝机的脉动频率可受电源控制，而每步送出焊丝的长度可以任意调节。脉动送丝机也可以连续送丝，因此，近来填丝的脉冲 TIG 焊机器人配备脉动送丝机的情况逐步增多。

④ 送丝机按送丝动力方向分为推丝式、拉丝式和推拉丝式三种。

a. 推丝式主要用于直径为 0.8～2.0mm 的焊丝,它是应用最广的一种送丝方式。其特点是焊枪结构简单轻便,易于操作,但焊丝需要经过较长的送丝软管才能进入焊枪,焊丝在软管中受到较大阻力,影响送丝稳定性,一般软管长度为 3～5m。

b. 拉丝式主要用于细焊丝(焊丝直径小于或等于 0.8mm),因为细丝刚性小,推丝过程易变形,难以推丝。拉丝时送丝电动机与焊丝盘均安装在焊枪上,由于送丝力较小,所以拉丝电动机功率较小,尽管如此,拉丝式焊枪仍然较重。可见拉丝式虽保证了送丝的稳定性,但由于焊枪较重,增加了机器人的载荷,而且焊枪操作范围受到限制。

c. 推拉丝式可以增加焊枪操作范围,送丝软管可以加长到 10m。除推丝机外,还在焊枪上加装了拉丝机。推丝是主要动力,而拉丝机只是将焊丝拉直,以减小推丝阻力。推力与拉力必须很好地配合,通常拉丝速度应稍快于推丝。这种方式虽有一些优点,但由于结构复杂,调整麻烦,同时焊枪较重,因此实际应用并不多。

（2）推式送丝机的结构

推式送丝机是应用最广的送丝机,送丝电动机、送丝滚轮、矫直机构等都装在薄铁板压制的机架上,送丝机核心部分的结构如图 4-2-25 所示。

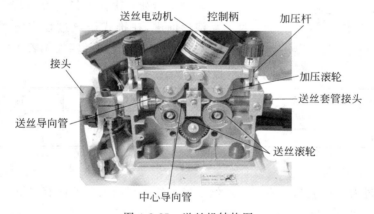

图 4-2-25　送丝机结构图

送丝电动机:驱动送丝滚轮,为送丝提供动力。送丝电动机由弧焊焊机电源控制,焊机电源根据焊接工艺控制送丝速度。

加压杆:调节预紧力,用于压紧焊丝,控制柄可旋转调节压紧度。

送丝滚轮:电动机带动主动轮旋转,为送丝提供动力。

加压滚轮:将焊丝压入送丝轮上的送丝槽,增大焊丝与送丝轮的摩擦,使焊丝平稳送出。

送丝机以送丝电动机与减速箱为主体,在其上安装送丝滚轮和加压滚轮,加压滚轮通过滚轮架和加压手柄压向送丝轮,根据焊丝直径不同,调节加压手柄可以调节压紧力大小。在它的后面是焊丝校直机构,它由 3 个滚轮组成,它们之间的相对距离可视焊丝情况进行调整。

在送丝轮的前面是焊丝导向部分,它由导向衬套和出口导向管组成。焊丝从送丝轮的沟槽内送出,正对着导向管入口,以保证焊丝始终从送丝轮的沟槽内顺利地进入送丝软管。为了固定导向衬套,机体上还设有压簧。

送丝滚轮的槽一般有 $\phi0.8mm$、$\phi1.0mm$、$\phi1.2mm$ 三种,应按照焊丝的直径选择相应的输送滚轮。一般采用他激直流伺服电动机作为送丝电动机,其机械特性平硬并可无级调节。

2)送丝软管的选择

送丝软管是集送丝、导电、输气和通冷却水于一体的输送设备。

(1)软管结构

软管结构如图 4-2-26 所示。软管的中心是一根通焊丝同时也起输送保护气作用的导

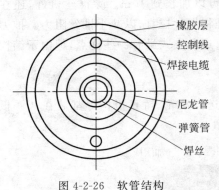

图 4-2-26 软管结构

丝管,外面缠绕导电的多芯电缆,有的电缆中央还有两根冷却水循环的管子,最外面包敷一层绝缘橡胶。

焊丝直径与软管内径要配合恰当。软管直径过小,焊丝与软管内壁接触面增大,送丝阻力增大,此时如果软管内有杂质,常常造成焊丝在软管中卡死;软管内径过大,焊丝在软管内呈波浪形前进,在推式送丝过程中将增大送丝阻力。焊丝直径与软管内径匹配见表 4-2-14。

表 4-2-14 焊丝直径与软管内径匹配

焊丝直径/mm	软管直径/mm	焊丝直径/mm	软管直径/mm
0.8～1.0	1.5	1.4～2.0	3.2
1.0～1.4	2.5	2.0～3.5	4.7

(2)送丝不稳的因素

软管阻力过大是造成弧焊机器人送丝不稳定的重要因素。原因有以下几个方面。

① 选用的导丝管内径与焊丝直径不匹配。

② 导丝管内积存由焊丝表面剥落下来的铜末或钢末过多。

③ 软管的弯曲程度过大。

目前越来越多的机器人公司把安装在机器人上臂的送丝机稍为向上翘,有的还使送丝机能做左右小角度自由摆动,都是为了减少软管的弯曲,保证送丝速度的稳定性。

3)机器人上的送丝机

安装在机器人 U 轴上的送丝机是为焊枪自动输送焊丝的装置。送丝机如图 4-2-27 所示。主要由送丝电动机、压紧机构、送丝滚轮(主动轮、从动轮)等组成。

送丝电动机驱动主动轮旋转,为送丝提供

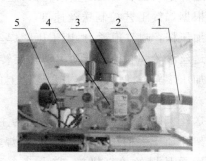

图 4-2-27 送丝机
1—送丝软管(进);2—加压控制柄;3—送丝电动机;
4—送丝滚轮;5—送丝软管(出)

动力,从动轮将焊丝压入送丝轮上的送丝槽,增大焊丝与送丝轮的摩擦,将焊丝修整平直,平稳送出,使进入焊枪的焊丝在焊接过程中不会出现卡丝现象。送丝机主要特征如下。

（1）集成的设计——设计用于"嵌套"在机器人手臂上方。

（2）最佳的扭矩——更快的加速度,更稳定可靠地在送丝管中拉动焊丝。

（3）焊接效果——高分辨率的转速表精确地控制送丝速度。

（4）持久耐用——重载铸铝送丝结构使送丝更可靠,设备更耐用。

（5）使用方便——驱动轮、送丝导向和压紧力调节无须任何工具。

（6）优化的机器人解决方案——紧凑、轻便的设计使机器人加速性能和生产能力最大化。

5. 焊丝盘架

盘状焊丝可装在机器人S轴上,也可装在地面上的焊丝盘架上。焊丝盘架用于焊丝盘的固定。如图 4-2-28 所示,焊丝从送丝套管中穿入,通过送丝机构送入焊枪。

图 4-2-28　焊丝盘架的安装

1—盘架；2—送丝套管；3—焊丝；4—从动轴

6. 焊接变位机

焊接变位机承载工件及焊接所需工装,主要作用是实现焊接过程中将工件进行翻转变位,以便获得最佳的焊接位置,可缩短辅助时间,提高劳动生产率,改善焊接质量,是机器人焊接作用不可缺少的周边设备。焊接变位机如图 4-2-29 所示。

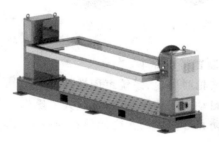

图 4-2-29　焊接变位机

如果采用伺服电动机驱动变位机翻转,焊接变位机可作为机器人的外部轴,与机器人实现联动,达到同步运动。

7. 保护气气瓶总成

保护气气瓶总成由气瓶、减压器、PVC 气管等组成。气瓶出口处安装了减压器，减压器由减压机构、加热器、压力表和流量计等组成。气瓶中装有 $20\%\ Ar + 80\%\ CO_2$ 的保护焊气体。保护气气瓶总成如图 4-2-30 所示。

图 4-2-30　气瓶总成
1—流量表；2—压力表；3—减压机构；
4—气瓶阀；5—加热器电源线；6—40L 气瓶；
7—PVC 气管；8—流量调整旋钮

8. 焊枪清理装置

工业机器人焊枪经过焊接后，内壁会积累大量的焊渣，影响焊接质量，因此需要使用焊枪清理装置定期清除，焊丝过短、过长或焊丝端头成球状，也可以通过焊枪清理装置进行处理。焊枪清理装置主要包括剪丝、沾油、清渣以及喷嘴外表面的打磨装置。剪丝装置主要用于用焊丝进行起始点检出的场合，以保证焊丝的干伸出长度一定，提高检出的精度；沾油是为了使喷嘴表面的飞溅易于清理；清渣是清除喷嘴内表面的飞溅，以保证气体的畅通；喷嘴外表面的打磨装置主要是清除外表面的飞溅。焊枪清理装置如图 4-2-31 所示。

通过剪丝清洗设备清洗过后的焊枪喷嘴对比如图 4-2-32 所示。

图 4-2-31　焊枪清理装置

（a）清枪前　　　　（b）清枪后
图 4-2-32　焊枪喷嘴清理前后的对比

清枪装置特点如下。

（1）清枪时间短，系统可用性高。

（2）自动完成清枪过程，无须人工操作。

（3）防止焊接中因污染而导致的质量问题。

4.2.4　弧焊工作站的工作过程

1. 系统启动

（1）机器人控制柜主电源开关合闸，等待机器人启动完毕。

（2）打开气瓶、焊机电源、剪丝清洗设备电源。

（3）在"示教模式"下选择机器人焊接程序，然后将模式开关转至"远程模式"。

（4）若系统没有报警，启动完毕。

2. 生产准备

（1）选择要焊接的产品。

（2）将产品安装在焊接台上。

3. 开始生产

按下"启动"按钮，机器人开始按照预先编制的程序与设置的焊接参数进行焊接作业。当机器人焊接完毕，回到作业原点后，更换母材，开始下一个循环。

4.3　弧焊工作站的设计

4.3.1　弧焊工作站硬件系统

1. 硬件配置

工业机器人弧焊实训设备由 ABB 机器人系统、PLC 控制柜、机器人安装底座、焊接系统、除烟系统、警示灯、按钮盒等组成，如图 4-3-1 所示。

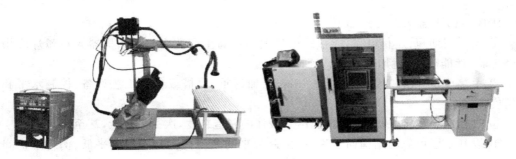

图 4-3-1　工业机器人弧焊实训设备

1）ABB 机器人系统

ABB 机器人系统包括 IRB 1410 机器人、IRC 5 机器人控制器和示教器等，如图 4-3-2 所示。

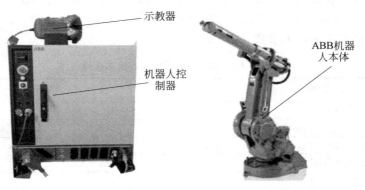

图 4-3-2　ABB 机器人系统

（1）ABB IRB 1410 机器人

ABB IRB 1410 机器人在弧焊、物料搬运和过程应用领域得到广泛的应用。IRB 1410 外形及其工作范围示意图如图 4-3-3 所示。

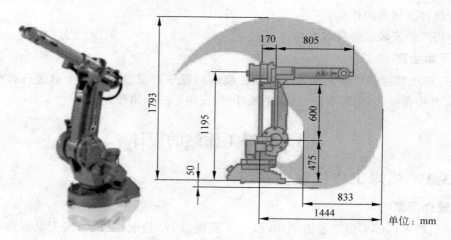

图 4-3-3　IRB 1410 外形及其工作范围示意图

IRB 1410 机器人的特点如下。

① 工作周期短、运行可靠，能帮助用户大幅提高生产效率。该款机器人在弧焊应用中历经考验，性能出众，附加值高，投资回报快。

② 手腕荷重 5kg，上臂提供独有 18kg 附加荷重，可搭载各种工艺设备，控制水平和循径精度优越。

③ 过程速度和定位均可调整，能达到最佳的制造精度，次品率极低，甚至达到零。

④ 以其坚固可靠的结构而著称，而由此带来的其他优势是噪声水平低、例行维护间隔时间长、使用寿命长。

⑤ 工作范围大、到达距离长、结构紧凑、手腕极为纤细，即使在条件苛刻、限制颇多的场所仍能实现高性能操作。

⑥ 专为弧焊而优化，IRB 1410 采用优化设计，设有送丝机走线安装孔，为机械臂搭载工艺设备提供便利。标准 IRC 5 机器人控制器中内置各项人性化弧焊功能，可通过专利的编程操作手持终端 FlexPendant（示教器）进行操控。

IRB 1410 机器人的技术参数见表 4-3-1。

表 4-3-1　IRB 1410 机器人的技术参数

技 术 参 数	值
承重能力/kg	5
轴数	6
附加载荷/kg	第三轴 18、第一轴 19
TCP 最大传输速度/(m/s)	2.1
第五轴到达距离/m	1.44
电源电压及频率	200～600V、50/60Hz

续表

技 术 参 数	值
安装方式	落地式
集成信号源	上臂 12 路信号
额定电流/A	5.1
功率/W	1500

（2）ABB IRC 5 控制系统

IRC 5 控制器是按照预定顺序,通过改变主电路或控制电路的接线和电路中的电阻值来控制电动机的启动、调速、制动和反向的主令装置。IRC 5 控制器由程序计数器、指令寄存器、指令译码器、时序产生器和操作控制器组成,是发布命令的"决策机构",用于协调和指挥整个计算机系统的操作。IRC 5 控制器具有如下特点。

① 安全性和灵活性高。IRC 5 控制器采用了电子限位开关和 SafeMove TM 技术,不仅兼顾了安全性和灵活性,还减小了占地面积,在人机协作方面有很好的表现。

② 执行效率快,执行动作精准。IRC 5 控制器在进行控制时以动态建模技术为基础,可对工业机器人性能实现自动优化,其通过 QuickMove TM 和 TrueMove TM 技术缩短了节拍时间,提高了路径精度。IRC 5 控制器使用的技术可以使工业机器人动作具有预见性,增强了运行性能,使控制精度达到了±0.01mm。

③ 防护等级高。IRC 5 控制器的防护等级可达 IP67(能防护液体和固态微颗粒),可在比较恶劣的环境下以及高负荷、高频率的节拍下工作。同时 IRC 5 控制器的主动安全(active safety)功能和被动安全(passive safety)功能可最大化地保障操作人员、工业机器人和其他生命及财产安全。

④ 适用性强。IRC 5 控制器能够兼容各种规格的电源电压,广泛适用于各类环境条件;可以与其他生产设备实现互联互通,支持大部分主流工业网络,具有强大的联网能力;具有远程监测技术服务,可迅速完成故障检测;具有工业机器人状态终生实时监测功能,显著提高了生产效率。

IRC 5 控制器分为控制模块和驱动模块,如果系统中含有多台工业机器人,则需要 1 个控制模块对应多个驱动模块(现在单工业机器人系统一般使用整合型单柜控制器)。IRC 5 控制器的内部结构如图 4-3-4 所示,其包含了控制面板、电容、主计算机、安全面板、轴计算机、驱动装置、驱动系统电源、I/O 供电装置等。

2）PLC 控制柜

PLC 控制柜用来安装断路器、PLC、触摸屏、开关电源、熔丝、接线端子、变压器等元器件。PLC 控制柜内部图如图 4-3-5 所示。PLC 采用的是合信的 CPU 126 AC/DC/RLY PLC 和 EM131 AI4×12bit 模块作为中央控制单元。

图 4-3-4 IRC 5 控制器的内部结构

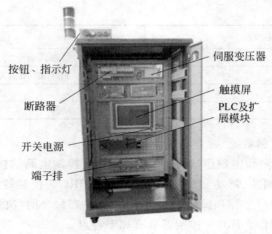

图 4-3-5　PLC 控制柜

3）焊接和除烟系统

焊接系统主要由奥太 Pulse MIG-350 焊机、送丝机、焊枪、工业液体 CO_2 等构成，是焊接系统的重要组成部分。另配除烟系统，有效地减少对环境的烟尘排放，能有效防止焊接废气对人体的伤害，具体如图 4-3-6 所示。

| (a) 送丝机 | (b) 工业液体CO_2 | (c) 焊机 |

(d) 焊枪　　　　(e) 除烟机

图 4-3-6　焊接系统主要部件

2. 焊机操作

1）Pulse MIG-350 焊机介绍

Pulse MIG-350 焊机前后面板接口如图 4-3-7 所示。焊机的控制面板用于焊机的功能选择和部分参数设定。焊机控制面板包括数字显示窗口、调节旋钮、按键、发光二极管指示灯，如图 4-3-8 所示，各序号含义见表 4-3-2。

2）焊机的操作

Pulse MIG-350 焊机具有脉冲和恒压两种输出特性。脉冲特性可实现碳钢及不锈钢、铝及其合金、铜及其合金等有色金属的焊接，恒压特性可实现碳钢和不锈钢纯 CO_2 气体及混合气体保护焊。

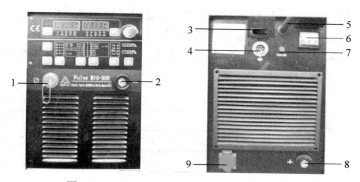

图 4-3-7 Pulse MIG-350 焊机前后面板接口

1—外设控制插座 X3；2—焊机输出插座（—）；3—程序升级下载口 X4；4—送丝机控制插座 X7；
5—输入电缆；6—空气开关；7—熔丝管；8—焊机输出插座（＋）；9—加热电源插座 X5

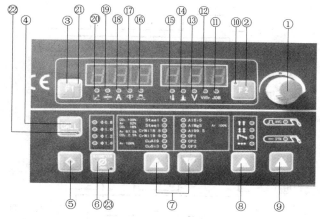

图 4-3-8 焊机控制面板

表 4-3-2 焊机控制面板参数含义

序号	含　义	序号	含　义
①	调节旋钮，调节各参数值	⑬	焊接电压指示灯
②	参数选择键 F2	⑭	弧长修正指示灯
③	参数选择键 F1	⑮	机内温度指示灯
④	调用键	⑯	电弧力/电弧挺度
⑤	存储键	⑰	送丝速度指示灯
⑥	焊丝直径选择键	⑱	焊接电流指示灯
⑦	焊丝材料选择键	⑲	母材厚度指示灯
⑧	焊接方式选择键	⑳	焊角指示灯
⑨	焊接方式选择键	㉑	F1 键选中指示灯
⑩	F2 键选中指示灯	㉒	调用作业模式工作指示灯
⑪	作业号 n0 指示灯	㉓	隐含参数菜单指示灯
⑫	焊接速度指示灯		

（1）焊接方式选择：按下按键⑨进行选择，与之相对应的指示灯亮。

（2）工作模式选择：按下按键⑧进行选择，与之相对应的指示灯亮。

主要工作模式有两步工作模式、四步工作模式、特殊四步工作模式和点焊工作模式，各工作模式如图 4-3-9 所示。

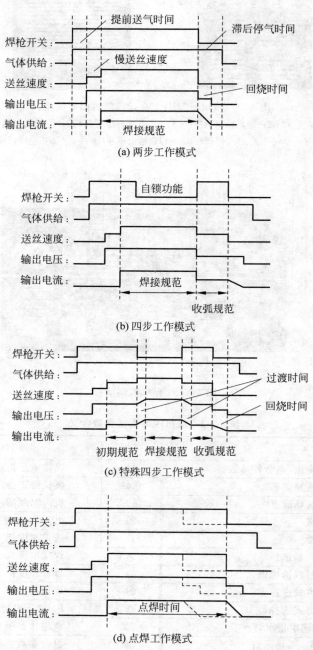

图 4-3-9　工作模式

（3）保护气体及焊接材料选择：按下按键⑦进行选择，与之相对应的指示灯亮。

（4）焊丝直径选择：按下按键⑥进行选择，与之相对应的指示灯亮。

--ϕ0.8□□°--ϕ1.0　　--ϕ1.2□□°--ϕ1.6

注意：根据要求完成以上选择，通过送丝机上电流调节旋钮可预置所需的电流值，将送丝机上电压调节旋钮调到标准位置后可进行焊接，最后根据实际焊接弧长微调电压旋钮，使电弧处在焊接过程中稍微夹杂短路的声音，可达到良好的焊接效果。

3）参数菜单设置

进出隐含参数菜单及参数项调节：同时按下存储键⑤和焊丝直径选择键⑥并松开，隐含参数菜单指示灯亮，表示已进入隐含参数菜单调节模式；再次按下存储键⑤退出隐含参数菜单调节模式，隐含参数菜单指示灯灭，用焊丝直径选择键⑥选择要修改的项目，用调节旋钮①调节要修改的参数值。其中，P05、P06项可用F2键切换至显示电流百分数、弧长偏移量，并可用调节旋钮①修改对应的参数值。操作步骤如图 4-3-10 所示。

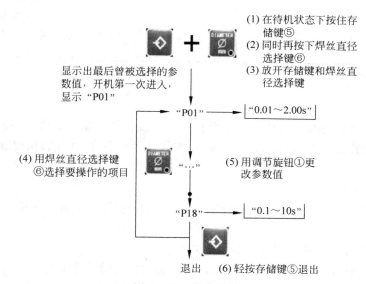

（1）在待机状态下按住存储键⑤

（2）同时再按下焊丝直径选择键⑥

（3）放开存储键和焊丝直径选择键

显示出最后曾被选择的参数值，开机第一次进入，显示 "P01"

"P01" → "0.01～2.00s"

（4）用焊丝直径选择键⑥选择要操作的项目　"..."　（5）用调节旋钮①更改参数值

"P18" → "0.1～10s"

退出　（6）轻按存储键⑤退出

图 4-3-10　操作步骤

按下调节旋钮①约 3s，焊机参数将恢复出厂设置，见表 4-3-3。

表 4-3-3　焊机主要参数设置

内　容	设置值	说　明	内　容	设置值	说　明
焊丝直径/mm	1.2		操作方式	两步	
焊丝材料和保护气体	$CO_2$100% 碳钢		恒压		一元化直流焊接
按参数键 F1 选择如下参数设置			按参数键 F2 选择如下参数设置		
板厚/mm	2		作业号 N	1	
焊接电流/A	110		焊接电压/V	20.5	
送丝速度/(mm/s)	2.5		焊接速度/(cm/min)	60	

续表

按参数键 F1 选择如下参数设置			按参数键 F2 选择如下参数设置	
电弧力/电弧挺度	5	—＝电弧硬面稳定 0＝中等电弧 ＋＝电弧柔和,飞溅小	0.5	—＝弧长变短 0＝标准强长 ＋＝弧长变长

隐含参数设置					
项目	用　　途	设定范围	出厂设置	实际设置	说　　明
P01	回烧时间	0.01～2.00s	0.08	0.05	如果焊接电压和电流机器人给定,则设置为 0.3
P09	近控有无	OFF/ON	OFF	ON	OFF 表示焊接规范由送丝机调节旋钮确定;ON 表示焊接规范由显示板调节旋钮确定
P10	P10 水冷选择		ON	OFF	选择 OFF 时,无水冷机或水冷机不工作,无水冷保护;选择 ON 时,水冷机工作,水冷机工作不正常时有水冷保护

4) 作业与焊接

(1) 作业模式

作业模式在半自动及全自动焊接中都能提高焊接工艺质量。平常,一些需要重复操作的作业(工序)往往需要手工记录工艺参数,而在作业模式下,可以存储和调取多达 100 个不同的作业记录。

(2) 存储作业程序

焊机出厂时未存储作业程序,在调用作业程序前,必须先存储作业程序。按以下步骤操作。

① 设定好要存储的作业程序的各规范参数。

② 轻按存储键⑤,进入存储状态。显示号码为可以存储的作业号。

③ 用旋钮①选择存储位置或不改变当前显示的存储位置。

④ 按住存储键⑤,左显示屏显示 Pro,作业参数正在存入所选的作业号位置。

⑤ 左显示屏显示 PrG 时,表示存储成功。此时即可松开存储键⑤,再轻按存储键⑤,退出存储状态。

注意:如果所选作业号位置已经存有作业参数,则会被新存入的参数覆盖,并且该操作无法恢复。

(3) 存储作业程序

存储以后,所有作业都可在作业模式下再次被调用。

(4) 焊接方向和焊枪角度

焊枪向焊接行进方向倾斜 0°～10°时的熔接法(焊接方法)称为后退法(与手工焊接相同)。焊枪姿态不变,向相反方向行进焊接的方法称为前进法。一般而言,使用前进法焊接,气体保护效果较好,可以一边观察焊接轨迹,一边进行焊接操作,因此,生产中多采用前进法进行焊接。焊接方向与焊枪角度如图 4-3-11 所示。

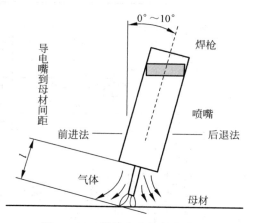

图 4-3-11　焊接方向与焊枪角度

（5）双脉冲功能

双脉冲焊在单脉冲焊基础上加入低频调制脉冲,低频脉动频率范围为 0.5～5.0Hz。与单脉冲相比,双脉冲的优点为:无须焊工摆动,焊缝自动成鱼鳞状,且鱼鳞纹的疏密、深浅可调;能够更加精确地控制热输入量;低电流期间,冷却熔池,减小工件变形,减少热裂纹倾向;同时能周期性地搅拌熔池,细化晶粒,氢等气体易从熔池中析出,减少气孔,降低焊接缺陷。双脉冲参考波形如图 4-3-12 所示。

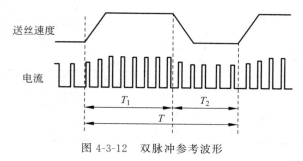

图 4-3-12　双脉冲参考波形

3. PLC 及机器人 I/O 信号配置

除了需要完成焊接软件中信号的配置外,对 PLC 信号及机器人 I/O 信号还需要进行配置。表 4-3-4 给出了 PLC 的 I/O 定义,表 4-3-5 给出了 PLC 和机器人的联络信号定义。

表 4-3-4　PLC 的 I/O 定义

序号	符　　号	地址	注　　释	信号连接设备
1	"启动"按钮	I0.0		
2	"暂停"按钮	I0.1		按钮盒
3	"急停"按钮	I0.2	1=正常,0=急停动作	
4	"复位"按钮	I0.3		

续表

序号	符号	地址	注释	信号连接设备
5	自动状态	I0.4		
6	电动机使能开始	I0.5		机器人 I/O 板 DSQC 651
7	焊接完成	I0.7		
8	机器人急停输入	I1.0	1＝正常,0＝急停动作	机器人安全板
9	光幕报警	I1.3	0＝正常,1＝光幕动作	安全光幕
10	绿色警示灯	Q0.0		
11	黄色警示灯	Q0.1		警示灯
12	红色警示灯	Q0.2		
13	机器人电机使能	Q0.3	上升沿有效	
14	机器人开始	Q0.4	上升沿有效	机器人 I/O 板 DSQC 651
15	机器人暂停	Q0.6	上升沿有效	
16	机器人急停复位	Q1.0	上升沿有效	
17	机器人急停	Q1.3	电平信号	机器人安全板

表 4-3-5　PLC 和机器人的联络信号定义

机器人系统关联信号	机器人信号名称	PLC 地址	PLC 符号	说明
Auto On	DOI0_1	I0.4	自动状态	1＝自动模式,0＝手动模式
MotoOnState	DOI0_2	I0.5	电动机已使能	1＝机器人电动机已使能,脉冲串＝机器人电动机无使能
	DOI0_4	I0.7	焊接完成	机器人焊接完成信号。焊接完成输出1个脉冲信号通知PLC(通过编程实现)
		I1.0	机器人急停输入	0＝急停动作
MotoOn	DI10_1	Q0.3	机器人电动机使能	
Start	DI10_3	Q0.4	机器人开始	机器人程序启动
Stop	DI10_4	Q0.6	机器人暂停	机器人程序停止(暂停)
ResetEstop	DI10_6	Q1.0	机器人急停复位	
		Q1.3	机器人急停	1＝执行机器人急停

4.3.2　弧焊工作站软件系统

1. 机器人控制流程图

机器人控制流程图如图 4-3-13 所示。

2. 机器人程序设计

实现机器人逻辑和动作的 RAPID 程序模块如下。

```
PROC main()
MoveJ P10,v1000,z10,tool0;!左摆动作
MoveL P30,v1000,z10,WD_Tool;!右摆动作
MoveJ P40,v200,fine,WD_Tool;!焊枪到焊接起始点
AreCStart P40,P110,v10.seam1,weldl,fine, WD_Tool;!开始弧线焊接
AreC PI20,P40.vl0,seaml,weldl,25,WD_Tool;
AreCEnd P40,P110,v10,seaml,weldl,fine,WD_Tool;!结束弧线焊接
MoveL P40,v1000,fine, WD_Tool;!焊枪回到焊接起始点
```

```
MoveJ P70,v1000,fine,WD_Tool;!抬头动作
ENDPROC
```

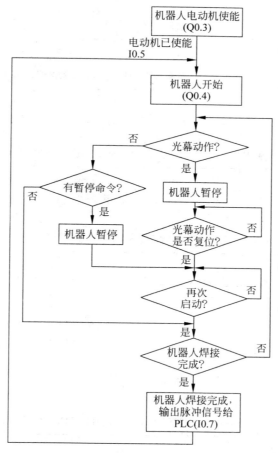

图 4-3-13　机器人控制流程图

3. PLC 程序设计

（1）第一扫描周期初始化程序如图 4-3-14 所示。

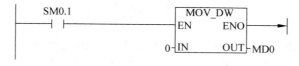

图 4-3-14　程序 1

（2）急停和光幕报警程序如图 4-3-15 所示。

（3）准备就绪程序如图 4-3-16 所示。

（4）设备复位程序如图 4-3-17 所示。

（5）系统运行程序如图 4-3-18 所示。

（6）机器人伺服电动机使能，使能后机器人程序开始，程序如图 4-3-19 所示。

```
    SM0.0         "急停"按钮:I0.2   急停记忆:M2.1
   ─┤├─────┬──────────┤/├──────────( S )
           │                         1
           │      "急停"按钮:I0.2   机器人急停:Q1.3
           │──────────┤/├──────────( )
           │
           │       光幕报警:I1.3   光幕报警保护:M0.2
           │──────────┤├──────────( S )
                                    0
```

图 4-3-15　程序 2

```
 自动状态:I0.4  急停记忆:M2.1  光幕报警保护:M0.2  机器人急停:I1.0  就绪标志:M2.0
─┤├────────┤/├──────────┤/├──────────┤├──────────( )
```

图 4-3-16　程序 3

```
   "复位"按钮:I0.3   自动状态:I0.4    急停复位:Q1.0
  ─┬───┤├────┬─────┤├─────┬──────( )
   │          │             │    急停记忆:M2.1
   │ 复位_HMI:M1.3│             ├──────( R )
   └───┤├────┘             │        1
                           │   光幕报警保护:M0.2
                           └──────( R )
                                     1
```

图 4-3-17　程序 4

```
  "启动"按钮:I0.0 就绪标志:M2.0 自动状态:I0.4 急停记忆:M2.1 焊接完成:I0.7 运行标志:M2.2
  ─┬───┤├────┬─────┤├─────┬────┤├────┤/├────┤/├────( )
   │          │
   │ 启动_HMI:M1.0│
   ├───┤├────┤
   │          │
   │ 运行标志:M2.2│
   └───┤├────┘
```

图 4-3-18　程序 5

```
  "启动"按钮:I0.0 自动状态:I0.4 就绪标志:M2.0 电动机使能:Q0.3
  ─┬───┤├────┬─────┤├─────┤├─────( )
   │          │
   │ 启动_HMI:M1.0│              暂停记忆:M2.3
   ├───┤├────┤              ( R )
   │          │                 1
   │ 电动机使能:Q0.3│
   └───┤├────┘
```

图 4-3-19　程序 6

（7）电动机使能后，电动机使能开始 I0.5＝ON，否则是脉冲信号，程序如图 4-3-20 所示。

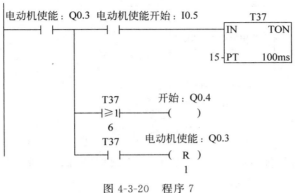

图 4-3-20　程序 7

（8）安全光幕动作后或焊接完成或有暂时命令，机器人都将暂停，程序如图 4-3-21 所示。

```
光幕报警保护：M0.2  自动状态：I0.4  运行标志：M2.2  暂停：Q0.6
    ┤├──────┤├───────┤├──────(  )

"暂停" 按钮：I0.1
    ┤├

暂止_HMI：M1.1
    ┤├
```

图 4-3-21　程序 8

（9）有急停或光幕动作记忆时，红色警示灯以 1Hz 的频率闪烁，程序如图 4-3-22 所示。

```
急停记忆：M2.1  自动状态：I0.4   SM0.5   红色警示灯：Q0.2
   ┤├───────┤├──────┤├──────(  )

光幕报警保护：M0.2
   ┤├
```

图 4-3-22　程序 9

（10）当系统没运行时系统就绪，或系统运行时，黄色警示灯常亮，程序如图 4-3-23 所示。

```
就绪标志：M2.0  运行标志：M2.2  自动状态：I0.4  黄色警示灯：Q0.1
   ┤├──────┤/├───────┤├──────(  )

运行标志：M2.2
   ┤├
```

图 4-3-23　程序 10

（11）暂停记忆，程序如图 4-3-24 所示。

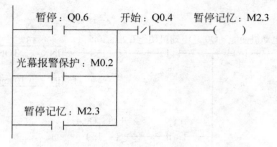

图 4-3-24　程序 11

（12）系统运行时暂停，绿色警示灯以 1Hz 的频率闪烁；系统运行时没有暂停，绿色警示灯常亮，程序如图 4-3-25 所示。

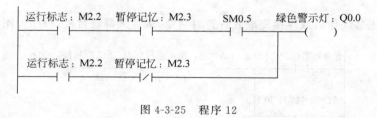

图 4-3-25　程序 12

4.4　参数配置

不同类型的工业机器人，其参数设置是有差异的，现以 ABB 工业机器人为例进行介绍。

1. Cross Connection 配置

Cross Connection 是 ABB 机器人用于 I/O 信号"与，或，非"逻辑控制的功能。图 4-4-1 所示为"与"关系示例，只有当 DI1、DO2、DO10 三个 I/O 信号都为 1 时才输出 DO26。

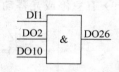

图 4-4-1　"与"关系示例

Cross Connection 有以下三个条件限制。

（1）一次最多只能生成 100 个。

（2）条件部分一次最多只能有 5 个。

（3）深度最多只能为 20 层。

2. I/O 配置

弧焊应用中，I/O 信号需与 ABB 弧焊软件的相关端口进行关联，因此需要首先定义 I/O 信号，信号关联后，弧焊系统会自动地处理关联好的信号。在进行弧焊程序编写与调试时，就可以通过弧焊专用的 RAPID 指令简单高效地对机器人进行弧焊连接工艺的控制，表 4-4-1 所示就是关联的信号。

3. 弧焊常用程序数据

在弧焊的连续工艺过程中，需要根据材质或焊缝的特性调整焊接电压或电流的大小、焊枪是否需要摆动、摆动的形式和幅度大小等参数。在弧焊机器人系统中，用程序数据来控制这些变化的因素。需要设定以下三个参数。

表 4-4-1　弧焊关联信号

I/O 名称	参 数 类 型	参 数 名 称	I/O 信号注释
AO01 Weld_REF	Arc Equipment Analogue Output	Volt Reference	焊接电压控制模拟信号
AO02 Feed_REF	Arc Equipment Analogue Output	Current Reference	焊接电流控制模拟信号
DO01 WeldOn	Arc Equipment Digital Output	Weld On	焊接启动数字信号
DO02 GasOn	Arc Equipment Digital Output	Gas On	打开保护气数字信号
DO03 FeedOn	Arc Equipment Digital Output	Feed On	送丝信号
DI01 ArcEst	Arc Equipment Digital Output	Arc Est	起弧检测信号
DI02 GasOK	Arc Equipment Digital Output	Wirefeed Ok	送丝检测信号
DI03 FeedOK	Arc Equipment Digital Output	Gas Ok	保护气检测信号

1）Weld Data：焊接参数

焊接参数用来控制在焊接过程中机器人的焊接速度，以及焊机输出的电压和电流的大小。需要设定的参数如表 4-4-2 所示。

表 4-4-2　焊接参数

参 数 名 称	参 数 注 释
Weld Speed	焊接速度
Voltage	焊接电压
Current	焊接电流

2）Seam Data：起弧收弧参数

起弧收弧参数是控制焊接开始前和结束后的吹保护气的时间长度，以保证焊接时的稳定性和焊缝的完整性。需要设定的参数如表 4-4-3 所示。

表 4-4-3　起弧收弧参数

参 数 名 称	参 数 注 释
Purge_time	清枪吹气时间
Preflow_time	预吹气时间
Postflow_time	尾气吹气时间

3）Weave Data：摆弧参数

摆弧参数是控制机器人在焊接过程中焊枪的摆动，通常在焊缝的宽度超过焊丝直径较多的时候通过焊枪的摆动去填充焊缝。该参数属于可选项，如果焊缝宽度较小，在机器人线性焊接可以满足的情况下，可不选用该参数。需要设定的参数如表 4-4-4 所示。

表 4-4-4　摆弧参数

参 数 名 称	参 数 注 释	参 数 名 称	参 数 注 释
Weave_shape	摆动的形状	Weave_width	摆动的宽度
Weave_type	摆动的模式	Weave_height	摆动的高度
Weave_length	一个周期前进的距离		

4. 焊接电流和焊接弧长电压的校正

正常情况下,焊机焊接电流、焊接弧长电压与机器人输出焊接模拟量(电压范围为0～10V)的关系如图 4-4-2 所示。

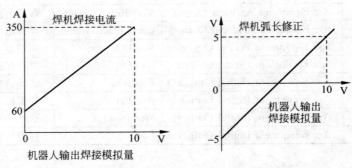

图 4-4-2　焊机参数与机器人输出电压关系对应图

实际上,量程对应关系和图 4-4-2 所示会有偏差,因此如果焊接规范由机器人确定,为了更加精确地控制焊接电压和焊接电流,则需要对焊接弧长电压(0～10V)和焊接电流(0～10A)的模拟量量程进行矫正。

说明:

(1) 实际上在远程模式下,机器人的焊接电压和焊接电流模拟量信号连接送丝机,送丝机再连接到焊机。

(2) 焊机的焊接电压＝初始焊接电压(当弧长电压为0V时)＋弧长电压。

弧长初始电压在板厚、焊接速度等确定的情况下,只和焊接电流有关。先校正焊接电流模拟量,再校正焊接弧长电压模拟量。

习　　题

填空题

1. 工业机器人弧焊工作站根据焊接对象性质及焊接工艺要求,利用_____完成电弧焊接过程。工业机器人弧焊工作站除了弧焊机器人外,还包括焊接系统和_____系统等各种焊接附属装置。

2. 一个完整的工业机器人弧焊系统由机器人系统、_____、_____、送丝装置、焊接变位机等组成。

3. 焊接变位机承载_____及焊接所需_____,主要作用是实现焊接过程中将工件进行_____,以便获得最佳的焊接位置,可缩短辅助时间,提高劳动生产率,改善焊接质量,是机器人焊接作用不可缺少的周边设备。

第5章

工业机器人点焊工作站系统集成

知识目标

1. 熟悉工业机器人点焊工作站组成。

2. 掌握工业机器人点焊工作站的工作过程。

能力目标

1. 能根据任务要求,合理选用工业机器人。

2. 能根据任务要求,完成工业机器人点焊工作站的设计。

3. 能完成工业机器人点焊工作站的参数配置。

素质目标

提高发现问题、解决问题的能力,强化工程思维。

5.1 点焊工业机器人

点焊工业
机器人

5.1.1 点焊机器人简介

1. 点焊机器人的用途

点焊机器人是用于点焊自动作业的工业机器人。点焊机器人的典型应用领域是汽车工业。一般装配每台汽车车体需要完成 3000~4000 个焊点,而其中 60% 是由机器人完成的。在有些大批量汽车生产线上,服役的机器人台数甚至高达 150 台。汽车工业引入机器人已取得了明显效益:改善多品种混流生产的柔性;提高焊接质量;提高生产率;把工人从恶劣的作业环境中解放出来。今天,机器人已经成为汽车生产行业的支柱。

2. 点焊机器人特点

(1) 安装面积小,工作空间大。

(2) 快速完成小节距的多点定位(例如每 0.3~0.4s 移动 30~50mm 节距后定位)。

(3) 定位精度高(±0.25mm),以确保焊接质量。

(4) 持重大(300~1000N),以便携带内装变压器的焊钳。

(5) 示教简单,节省工时,安全可靠性高。

3. 点焊的基础知识

1）点焊的定义

点焊是电阻焊的一种。电阻焊（resistance welding）是将被焊母材压紧于两电极之间，并施以电流，利用电流流经工件接触面及邻近区域产生的电阻热效应将其加热到塑性状态，使得母材表面相互紧密连接，生成牢固的接合部。主要用于薄板焊接。

2）点焊的工艺过程

点焊的工艺过程如下。

（1）预压：保证工件接触良好。

（2）通电：使焊接处形成熔核及塑性环。

（3）断电锻压：使熔核在压力持续作用下冷却结晶，形成组织致密、无缩孔裂纹的焊点。

点焊的通电方式根据焊接电流在电极-接合部-电极间按照何种回路进行流动，而分成以下四大类。

（1）直接点焊。直接点焊如图 5-1-1 所示。这是最基本的、也是可靠度最高的焊接方法。相对的一对电极夹住被焊接物并施压，其中一个电极通过被焊接物的接合部向另一个电极直接导通焊接电流。当然也有像图 5-1-1（c）一样将电极分成 2 根进行焊接的方法，但是由于很难使加压力、接触部位的电阻完全相同，所以与图 5-1-1（a）、（b）的方式相比，在工作效率上是得到了提高，但是焊接部位的可靠性变差了。

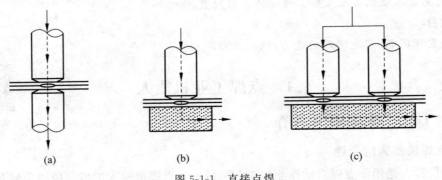

图 5-1-1　直接点焊

（2）间接点焊。间接点焊如图 5-1-2 所示。被焊接物的接合部位电流从一个电极通过被焊接物的一个部位分流通到另外一个电极的焊接方式。有时候不需要将电极相向设置，只要在单侧设置就可以进行焊接了，因此适用于焊接大型物体。

（3）单边多点点焊。单边多点点焊如图 5-1-3 所示。当一个焊接电流回路中有 2 个接合部时，电流将顺序依次流过这两个焊点部位并进行点焊，这是一个高效的方式。但是如图 5-1-3（b）、（c）所示，在有些方式中，电流将在被焊接物内部进行分流，由此会产生一些根本无利于接合部发热的无效电流，不仅造成了用电效率低，有时还会对焊接质量造成坏的影响。所以为了尽量减少分流，需要尽量加大电极。而当板厚不同时，需要将厚板材放在下方。

（4）双点焊（推挽点焊）。双点焊（推挽点焊）如图 5-1-4 所示，是在上、下都配置焊接变压器，可以同时进行 2 点焊接的方式。

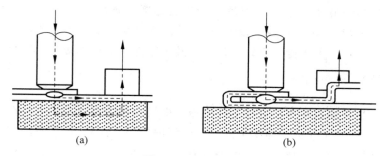

图 5-1-2　间接点焊

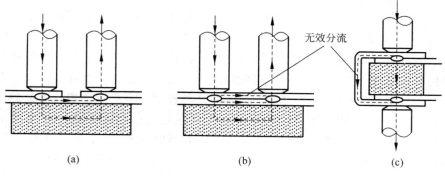

图 5-1-3　单边多点点焊

与图 5-1-3 所示的单边多点点焊相比,在相当程度上抑制了分流电流,具有便于厚板材焊接的优点。

3) 点焊的条件

焊接电流、通电时间以及电极加压力被称为电阻焊接的三大条件。在电阻焊接中,这些条件互相作用,具有非常紧密的联系。

(1) 焊接电流

焊接电流是指电焊机中变压器的二次回路中流向焊接母材的电流。在普通的单相交流式电焊机中,在变压器的一次侧流通的电流,将乘以变压器线匝比(是指一次侧的线匝数 N_1 和二次侧的线匝 N_2 的比,即 N_1/N_2)后流向二次侧。在合适的电极加压力下,大小合适的电流在合适的时间范围内导通后,接合母材间会形成共同的熔合部,在冷却后形成接合部(熔核)。但是,如果电流过大会导致熔合部飞溅出来(飞溅)以及电极粘结在母材上(熔敷)等现象。此外,也会导致熔接部位变形过大。

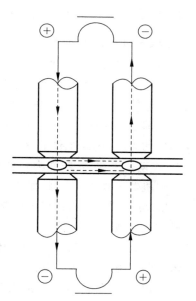

图 5-1-4　双点焊(推挽点焊)

(2) 通电时间

通电时间是指焊接电流导通的时间。在电流值固定的情况下改变通电时间,会导致焊接部位所能够达到的最高温度不同,从而导致形成的接合部大小不一。一般而言,选择低的电流值、延长通电时间不仅会造成大量的热量损失,而且会导致对不需要焊接的地方进行加热。特别是对像铝合金等热传导率好的材料以及小零件等进行焊接时,必须使用大的电流,在较短的时间内焊接。

（3）电极加压力

电极加压力是指加载在焊接母材上的压力。电极加压力可以决定夹具在接合部位的位置,同时电极本身起到了保证导通稳定的焊接电流的作用。此外,还具备冷却后的锻压效果以及防止内部开裂等作用。在设定电极加压力时,有时会采用在通电前进行预压、在通电过程中进行减压,然后在通电末期再次增压等特殊的方式。

加压力具体作用包括破坏表面氧化污物层、保持良好接触电阻、提供压力促进焊件熔合、热熔时形成塑性环、防止周围气体侵入、防止液态熔核金属沿板缝向外喷溅。

此外,还有一个影响到熔核直径大小的条件,那就是电极顶端直径。电流值固定不变时,电极顶端直径（面积）越大,电流的密度则越小,在相同时间内可以形成的熔核直径也就越小。好的焊接条件是指选择合适的焊接电流、通电时间以便能够形成与电极顶端直径相同的熔核。此外,焊接母材的板材厚度的组合在某种程度上也决定了熔核直径的大小。因此,只要板材厚度的组合决定了,则将要使用的电极顶端直径也就决定了,相关的电极加压力、焊接电流以及通电时间的组合也可以决定了。如果想要形成比板材厚度还大的熔核,则需要选择具有更大顶端面积的电极,当然同时还需要使用较大的焊接电流以保证所需的电流密度。

5.1.2　认识点焊工业机器人

1. 点焊机器人的基本功能

1）动作平稳、定位精度高

相对弧焊而言,点焊对所用的机器人要求不高。因为点焊只需点位控制,焊钳在点与点之间的移动轨迹没有严格要求,这也是机器人最早只能用于点焊的原因。点焊用机器人不仅要有足够的负载能力,而且在点与点之间移位时速度要快捷,动作要平稳,定位要准确,以减少移位的时间,提高工作效率。

2）移动速度快、负载能力强和动作范围大

点焊机器人需要的负载能力取决于所用的焊钳形式。针对用于变压器分离的焊钳,30~45kg 负载的机器人即可。但是,这种焊钳一方面由于二次电缆线长,电能损耗大,也不利于机器人将焊钳伸入工件内部焊接;另一方面电缆线随机器人运动而不停摆动,电缆的损坏较快。因此,目前逐渐采用一体式焊钳,这种焊钳连同变压器质量在 70kg 左右。

考虑到机器人要有足够的负载能力,能以较大的加速度将焊钳送到空间位置进行焊接,一般都选用 100~165kg 负载的重型机器人。为了适应连续点焊时焊钳短距离快速移位的要求,新的重型机器人增加了可在 0.3s 内完成 50mm 位移的功能,这对电动机的性能、微机的运算速度和算法都提出更高的要求。

因此,点焊机器人应具有性能稳定、动作范围大、运动速度快和负荷能力强等特点,焊接质量应明显优于人工焊接,能够大大提高点焊作业的生产率。

3) 具有与外部设备通信的接口

点焊机器人具有与外部设备通信的接口,它可以通过这一接口接受上一级主控与管理计算机的控制命令进行工作。因此,在主控计算机的控制下,可以由多台点焊机器人构成一个柔性点焊焊接生产系统。

2. 新松 SRD165B 点焊机器人

全新设计的新松 SRD165B 伺服点焊工业机器人,可广泛应用于汽车、工程机械等点焊应用场合。外形美观、动作快速,具备伺服焊钳控制功能。焊接过程中采用的多种补偿技术及压力控制技术可大大提高焊点质量。无须额外扩充扩展卡便可支持以太网、device net、can open 等总线。配备扩展模块可支持其他现场总线。如图 5-1-5 所示为新松 SRD165B 机器人。

图 5-1-5　新松 SRD165B 机器人

1) 主要参数

SRD165B 点焊机器人主要参数如表 5-1-1 所示。

表 5-1-1　SRD165B 点焊机器人主要参数

参　　数		数　　值
负载能力/kg		165
重复定位精度/mm		±0.3
自由度数		6
各轴最大运动范围/(°)	S 轴	±180
	L 轴	+60～-76
	U 轴	+230～-142
	R 轴	±360
	B 轴	±125
	T 轴	±360
最大运动速度/(°/s)	S 轴	110
	L 轴	100
	U 轴	110
	R 轴	170
	B 轴	170
	T 轴	230
允许扭矩/(N·m)	R 轴	921
	B 轴	921
	T 轴	461

2) 运动的几何尺寸

SRD165B 点焊机器人运动的几何尺寸如图 5-1-6 所示。

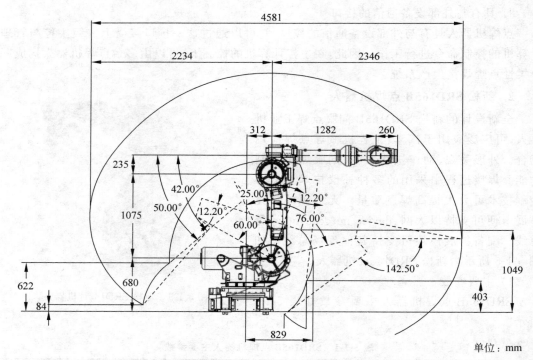

图 5-1-6　SRD165B 点焊机器人运动的几何尺寸

5.2　认识点焊工作站

5.2.1　点焊工作站简介

随着焊接作业自动化和智能化水平的提高，工业机器人点焊工作站被广泛用来自动化焊接操作，帮助提高生产效率的同时稳定产品质量，工业机器人点焊工作站多用于批量工件的生产工作中。

点焊工作站特点如下。

（1）点焊机器人工作站一般采取双机联动，甚至多机联动，能将节拍匹配优化到极致，再配以自动夹具、翻转工作台、电阻焊机等，将设备的利用率提升到新的档次，工作效率成倍提高，单位成本不断下降，这也是很多产品在各方面成本不断上升的情况下仍有年降空间的理由，这都得益于效率的提升。

（2）点焊机器人工作站的操作一般为自动抓取、自动焊接，人工只要辅助投料即可，一般普工即可完成，而且劳动强度大大降低，现在已有部分外资企业实现黑灯工厂，全线运行空无一人，例如在 ABB、库卡等机器人生产企业，成排的机器人制作机器人，感觉看到现实版的星球大战，相当酷炫。

（3）点焊机器人工作站多采用封闭式单元结构，站内一片繁忙、互不干涉，整站运行本身已有多重安全防护，人员只在外围行走观察，工伤概率大大降低，最终让安全生产不只体现在墙上标语，更是在产线上的具体呈现。

5.2.2　点焊工作站的工作任务

工业机器人点焊工作站工作任务是完成 L 形工件和车身门框处的点焊工作。L 形工件的材料是低碳钢，双层厚度 2mm；车身门框的材料是镀锡，双层厚度 3mm。

焊接规范见表 5-2-1～表 5-2-4。

表 5-2-1　低碳钢的点焊（C≤0.3%）

板厚		mm	0.5	0.8	1	1.5	2	2.5	3
电极形式和电极直径		D/mm	12.5	12.5	16	16	16	16	25
		d/mm	3.5	4.5	5	6.2	7	8	8.5
硬规范	电极间压力	N	1350	1900	2300	3500	4800	6100	7700
	焊接时间	周波	6	8	10	14	18	21	24
	焊接电流	A	6100	8100	9300	11500	13500	15000	16600
软规范	电极间压力	N	600	1000	1200	1700	2300	3000	3500
	焊接时间	周波	10	15	20	35	45	70	85
	焊接电流	A	3700	4500	5700	6800	8200	8700	9500
最小搭接宽度		mm	11	11	12	16	18	19	22
最小焊点间距		mm	10	13	19	26	32	38	45
焊点直径		mm	3.3	4	4.8	5.7	6.8	7.8	8.5

注：①材料表面应没有锈、氧化物、油漆、油脂、油；②对于不同板厚材料焊接，参见表 5-2-2；③电极材料应根据板材状况选用；④对于 3 层板焊接，最小间距应增加 30%；⑤对于镀锌板而言，一般参数上应增加 15%～20%；⑥对于有铜板保护的焊接点而言，一般参数上应增加 15%～20%；⑦焊接时间：当焊接电流频率为 50Hz 时，1 个周波=1/50s=0.02s，焊接时间=周波数 0.02s。

表 5-2-2　对于 2 或 3 层相同或不同板厚的工件焊接参数的选择标准

$A=B$	$A<B$	$A=B=C$	$C>A>B$	$B>C>A$
根据板厚 A 选择参数	根据板厚 A 选择参数	根据板厚 A 选择参数	根据板厚 A 选择参数	根据板厚 C 选择参数
	Max $A/B=1/4$		Max $A/C=1/2.5$	Max $A/C=1/2.5$
$C>B>A$	$A=C>B$	$B=C>A$	$A=C<B$	$A=B<C$
根据板厚 B 选择参数	根据板厚 A 选择参数	根据板厚 B 选择参数	根据板厚 A 选择参数	根据板厚 A 选择参数
Max $A/C=1/2.5$		Max $A/C=1/2.5$		Max $A/C=1/2.5$

表 5-2-3　点焊过程中导致缺陷的主要原因(1)

可能的原因		缺 陷 类 型				
		焊点不圆	压痕过深	压痕颜色太明显	工件表面的飞溅	工件之间的飞溅
参数调整	焊接电流	+		+	+	+
	焊接时间	+		+		+
	电极间压力			−	−	−
	预压时间			−	−	−
	维持时间					
保养维护	电极队列	≠				
	电极头部状况	≠			≠	
	电极头部直径		≠			
	电极冷却状况			−		
	焊接原理的准备	≠		≠	≠	≠

表 5-2-4　点焊过程中导致缺陷的主要原因(2)

可能的原因		缺 陷 类 型				
		焊点过小	焊点开裂或有裂痕	焊点偏心	焊点附近板材开裂	电极变形过大
参数调整	焊接电流	−	+	−		+
	焊接时间	−				+
	电极间压力	+		+	+	−
	预压时间					
	维持时间		−		−	

续表

可能的原因		缺 陷 类 型				
		焊点过小	焊点开裂或有裂痕	焊点偏心	焊点附近板材开裂	电极变形过大
		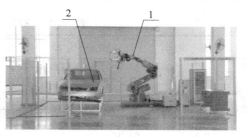				
保养维护	电极队列			≠		
	电极头部状况	≠				
	电极头部直径	≠			≠	—
	电极冷却状况	—				
	焊接原理的准备	≠	≠	≠		

注:"+"比标准值大;"—"比标准值小;"≠"不符合标准。

表5-2-3、表5-2-4列举了导致部分焊接缺陷的可能的原因,这仅对两层相同板厚的普通钢材焊接的情况有效。

5.2.3 点焊工作站的组成

点焊工作站由机器人系统、伺服机器人焊钳、冷却水系统、电阻焊接控制装置、焊接工作台、其他辅助设备工具等组成,采用双面单点焊方式。整体布置如图5-2-1所示,点焊机器人系统如图5-2-2所示。

图 5-2-1 点焊机器人工作站整体布置
1—点焊机器人;2—工件

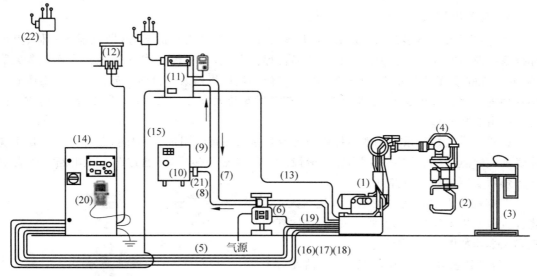

图 5-2-2 点焊机器人系统图

点焊机器人系统图中各部分说明如表5-2-5、表5-2-6所示。

表 5-2-5 点焊机器人系统图设备名称说明

设 备 代 号	设 备 名 称	设 备 代 号	设 备 名 称
（1）	机器人本体	（12）	机器人变压器
（2）	伺服焊钳	（13）	焊钳供电电缆
（3）	电极修磨机	（14）	机器人控制柜 DX100
（4）	手首部集合电缆	（15）	点焊指令电缆（I/F）
（5）	焊钳伺服控制电缆	（16）	机器人供电电缆 2BC
（6）	气/水管路组合体	（17）	机器人供电电缆 3BC
（7）	焊钳冷水管	（18）	机器人控制电缆 1BC
（8）	焊钳回水管	（19）	焊钳进气管
（9）	点焊控制箱冷水管	（20）	机器人示教器
（10）	冷水阀组	（21）	冷却水流量开关
（11）	点焊控制箱	（22）	电源提供

表 5-2-6 点焊机器人系统图设备功能说明

类 型	设 备 代 号	功能及说明
机器人相关	（1）（4）（5）（13）（14）（15）（16）（17）（18）（20）	焊接机器人系统以及与其他设备的联系
点焊系统	（2）（3）（11）	实施点焊作业
供气系统	（6）（19）	如果使用气动焊钳时，焊钳加压气缸完成点焊加压，需要供气。当焊钳长时间不用时，须用气吹干焊钳管道中残留的水
供水系统	（7）（8）（9）（10）（21）	用于对设备（2）（11）的冷却
供电系统	（12）（22）	系统动力

1. 点焊机器人

点焊机器人虽有多种结构形式，但大体上可以分为 3 大组成部分，即机器人本体、点焊焊接系统及控制系统。目前应用较广泛的点焊机器人，其本体形式有落地式的垂直多关节型、悬挂式的垂直多关节型、直角坐标型和定位焊接用机器人。目前主流机型为多用途的大型六轴垂直多关节机器人，这是因为其工作空间安装面积之比大，持重多数为 100kg 左右，还可以附加整机移动的自由度。

点焊机器人控制系统由本体控制部分及焊接控制部分组成。本体控制部分主要是实现在线示教、焊点位置及精度控制，控制分段的时间及程序转换，还通过改变主电路晶闸管的导通角而实现焊接电流控制。

点焊机器人包括安川 ES165D 机器人本体、DX100 控制柜以及示教器。安川 ES165D 机器人本体如图 5-2-3 所示。

ES165D 机器人为点焊机器人，由驱动器、传动机构、机械手臂、关节以及内部传感器等组成。它的任务是保证机械手末端执行器（焊钳）所要求的精准位置、姿态和运动轨

图 5-2-3 安川 ES165D 机器人本体及焊钳
1—机器人本体；2—伺服机器人焊钳；3—机器人安装底板

迹。焊钳与机器人手臂可直接通过法兰连接。

2. 电阻焊接控制装置

电阻焊接控制装置是合理控制时间、电流和电极加压力这三大焊接条件的装置,综合了焊钳各种动作的控制、时间的控制以及电流调整的功能。通常的方式是装置启动后就会自动进行一系列的焊接工序。

工业机器人点焊工作站使用的电阻焊接控制装置型号为 IWC5-10136C,是采用微机控制,同时具备高性能和高稳定性的控制器。

IWC5-10136C 电阻焊接控制装置,具有按照指定的直流焊接电流进行定电流控制功能、步增功能、各种监控以及异常检测功能。电阻焊接控制器如图 5-2-4 所示。

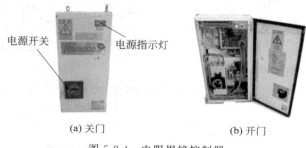

(a) 关门　　　　　　　(b) 开门

图 5-2-4　电阻焊接控制器

IWC5-10136C 电阻焊接控制器配套有编程器和复位器,如图 5-2-5、图 5-2-6 所示。编程器用于焊接条件的设定;复位器用于异常复位和各种监控。

图 5-2-5　编程器

图 5-2-6　复位器

3. 变压器

三相干式变压器为安川机器人 ES165D 提供电源,变压器参数为输入 3 相 380V,输出三相 220V,功率 12kV·A,如图 5-2-7 所示。

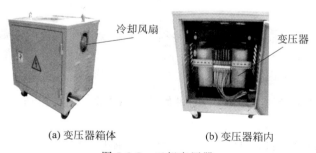

(a) 变压器箱体　　　　　　　(b) 变压器箱内

图 5-2-7　三相变压器

4. 伺服机器人焊钳

焊钳是指将点焊用的电极、焊枪架、加压装置等紧凑汇总的焊接装置。工业机器人点焊工作站采用电溶机电品牌的 X 型伺服机器人焊钳,焊钳变压器和焊钳一体化,焊钳变压器为点焊过程提供通过焊钳电极的电流。X 型伺服机器人焊钳如图 5-2-8 所示。

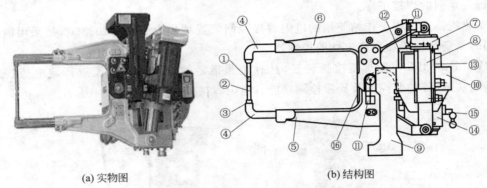

(a) 实物图   (b) 结构图

图 5-2-8　X 型伺服机器人焊钳

X 型伺服机器人焊钳结构图说明如表 5-2-7 所示。

表 5-2-7　X 型伺服机器人焊钳结构图说明

序号	名　称	序号	名　称
①	电极帽	⑨	支架
②	电极杆	⑩	支架
③	电极座	⑪	软连接
④	电极臂	⑫	二次导体
⑤	可动焊接臂	⑬	变压器
⑥	固定焊接臂	⑭	接线盒
⑦	驱动部组合	⑮	冷却水多歧管
⑧	伺服电机	⑯	飞溅挡板

伺服机器人焊钳是安装在机器人末端,由伺服电动机驱动可动焊接臂,受焊接控制器与机器人控制器控制的一种焊钳。伺服机器人焊钳具有环保、焊接时轻柔接触工件、低噪声、焊接质量高、超强的可控性特点。

5. 冷却水阀组

由于点焊是低压大电流焊接,在焊接过程中,导体会产生大量的热量,所以焊钳、焊钳变压器需要水冷,其冷却水系统图如图 5-2-9 所示。

6. 其他辅助设备工具

其他辅助设备工具主要有高速电动机修磨机(CDR)、点焊机压力测试仪 SP-236N、焊机专用电流表 MM-315B,如图 5-2-10 所示。

(1) 高速电动机修磨机:对焊接生产中磨损的电极进行打磨

当连续进行点焊操作时,电极顶端会被加热,氧化加剧,接触电阻增大,特别是当焊接铝合金以及带镀层钢板时,容易发生镀层物质的粘着。即便保持焊接电流不变,随着顶端面积

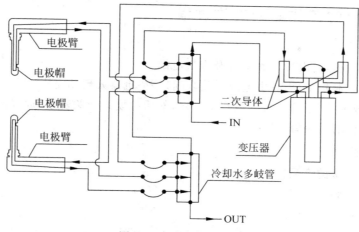

图 5-2-9　冷却水系统图

(a) 高速电动机修磨机

(b) 点焊机压力测试仪

(c) 专用电流表

图 5-2-10　辅助设备工具

的增大,电流密度也会随之降低,造成焊接不良。因此需要在焊接过程中定期打磨电极顶端,除去电极表面的污垢,同时还需要对顶端进行整形,使顶端的形状与初始时的形状保持一致。

(2) 点焊机压力测试仪:用于焊钳的压力校正

在电阻焊接中为了保证焊接质量,电极加压力是一个重要的因素,需要对其进行定期测量。电极加压力测试仪分为三种:音叉式加压力仪、油压式加压力仪、负载传感器式加压力仪。

压力测试仪 SP-236N 为模拟型油压式加压力测量仪。

(3) 焊机专用电流表:专用电流表用于设备的维护、测试焊接时二次短路电流

在电阻焊接中,焊接电流的测量对于焊接条件的设定以及焊接质量的管理起到重要的作用。由于焊接电流是短时间、高电流导通的方式,因此使用通常市场上销售的电流计是无法测量的,需要使用焊机专用焊接电流表。在测量电流时,有使用环形线圈,在焊机的二次线路侧缠绕环形线圈,利用此线圈测量出的磁力线的时间变化,并对此时间变化进行积分计算求取电流值。

5.2.4　点焊工作站的工作过程

1. 系统启动

（1）设备启动前,打开冷却水电源和焊机电源。

（2）机器人控制柜 DX100 主电源开关合闸,等待机器人启动完毕。

（3）在"示教模式"下选择机器人焊接程序,然后将模式开关转至"远程模式"。

（4）若系统没有报警,启动完毕。

2. 生产准备

（1）选择要焊接的产品。

（2）将产品安装在焊接台上。

3. 开始生产

按下"启动"按钮,机器人开始按照预先编制的程序与设置的焊接参数进行焊接作业。当机器人焊接完毕,回到作业原点后。更换母材,开始下一个循环。

5.3　点焊工作站的设计

5.3.1　点焊工作站硬件系统

1. 点焊机器人的选型

1）点焊机器人的选型依据

（1）必须使点焊机器人实际可达到的工作空间大于焊接所需的工作空间。焊接所需的工作空间由焊点位置及焊点数量确定。

（2）点焊速度与生产线速度必须匹配。首先由生产线速度及待焊点数确定单点工作时间,而机器人的单点焊接时间(含加压、通电、维持、移位等)必须小于此值,即点焊速度应大于或等于生产线的生产速度。

（3）应选内存容量大,示教功能全,控制精度高的点焊机器人。

（4）机器人要有足够的负载能力。点焊机器人需要有多大的负载能力,取决于所用的焊钳形式。对于用与变压器分离的焊钳,30～45kg 负载的机器人就足够了；对于一体式焊钳,这种焊钳连同变压器质量在 70kg 左右。

（5）点焊机器人应具有与焊机通信的接口。如果组成由多台点焊机器人构成的柔性点焊焊接生产系统,点焊机器人还应具有网络通信接口。

（6）需采用多台机器人时,应研究是否采用多种型号,并与多点焊机及简易直角坐标机器人并用等问题。当机器人间隔较小时,应注意动作顺序的安排,可通过机器人群控或相互间联锁作用避免干涉。

工业机器人点焊工作站选择的弧焊机器人是安川 ES165D 机器人,DX100 控制柜中内置了点焊专用功能。

2）安川 ES165D 机器人

（1）ES165D 机器人本体结构

安川 ES165D 机器人属于大型工业机器人,负载能力达到 165kg,主要用于搬运和点焊。

ES165D 机器人本体由 6 个高精密伺服电动机按特定关系组合而成,机器人各部和动作轴名称如图 5-3-1 所示。

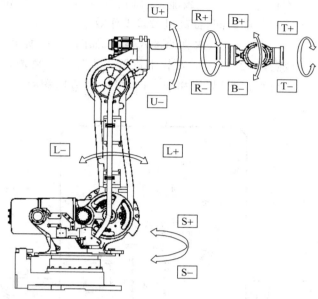

图 5-3-1　ES165D 机器人各部和动作轴名称

ES165D 工业机器人技术参数见表 5-3-1。

表 5-3-1　ES165D 工业机器人技术参数

安装方式		地面
自由度		6
负载/kg		165
垂直可达距离/mm		3372
水平可达距离/mm		2651
重复定位精度/mm		±0.2
最大动作范围/(°)	S 轴(旋转)	−180～+180
	L 轴(下臂)	−60～+76
	U 轴(上臂)	−142.5～+230
	R 轴(手腕旋转)	−205～+205
	B 轴(手腕摆动)	−120～+120
	T 轴(手腕回转)	−200～+200
最大速度/(°/s)	S 轴(旋转)	110
	L 轴(下臂)	110
	U 轴(上臂)	110
	R 轴(手腕旋转)	175
	B 轴(手腕摆动)	150
	T 轴(手腕回转)	240
本体重量/kg		1100
电源容量/(kV·A)		7.5

（2）ES165D 机器人的特点

① 点焊只需点位控制，对焊钳在点与点之间的移动轨迹没有严格要求。

② ES165D 机器人不仅有足够的负载能力，而且在点与点之间移位时速度快，动作平稳，定位准确，大大减少了移位的时间，提高机械臂工作效率。

③ 在机器人基座设有电缆、气管、水管的接入接口，如图 5-3-2 所示。焊钳连接的气管、水管、I/O 电缆及动力电缆都已经被内置安装于机器人本体的手臂内，通过接口与外部连接。这样机器人在进行点焊生产时，焊钳移动自由，可以灵活地变动姿态，同时可以避免电缆与周边设备的干涉。

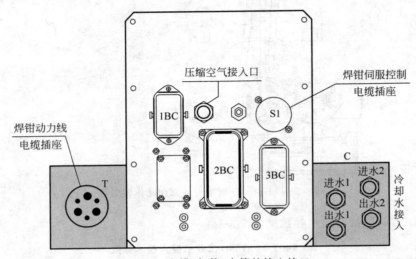

图 5-3-2　电缆、气管、水管的接入接口

1BC：机器人/焊钳控制信号电缆插座，与 DX100 的 X21 接口连接，控制焊钳伺服电动机的运行，包括焊钳的开合与加压。

2BC：机器人伺服电动机动力电缆插座，与 DX100 的 X11 接口连接，控制机器人各关节伺服电动机的运行。

3BC：焊钳伺服电动机动力电缆插座，与 DX100 的 X22 接口连接，焊钳伺服电动机的动力电缆。

S1：焊钳变压器控制电缆插座，与 DX100 的用户 I/O 接口连接。

T：焊接变压器动力电缆插座，与点焊控制器接口连接。

C：冷却水接入口，为焊钳电极、变压器提供冷却水。

④ 在机器 U 臂上设有焊钳轴电动机动力电缆插座、焊钳轴电动机编码器电缆插座、焊钳控制 I/O 信号电缆插座以及压缩空气出口，与设备的连接非常方便，如图 5-3-3 所示。

3）DX100 控制柜

点焊用 DX100 控制柜除了机器人通用控制功能外，还内置了点焊专用功能，包括点焊用 I/O 接口、点焊控制命令、点焊特性文件设置、伺服焊钳开度设置、伺服焊钳压力设置、电极磨损检测与补偿等，使点焊机器人的操作与使用非常方便与灵活。常用专用输入/输出信号功能见表 5-3-2。

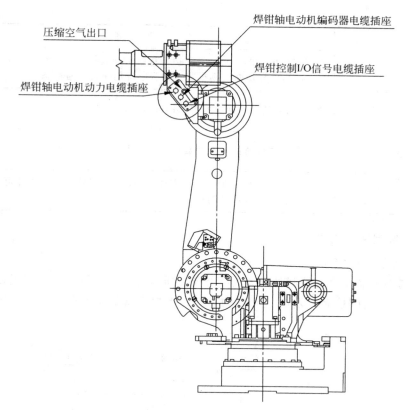

图 5-3-3　机器人 U 臂连接部

表 5-3-2　常用专用输入/输出信号功能

逻辑号码/名称	功　　　能
20010 外部启动	与再现操作盒的"启动"按钮具有同样的功能。此信号只有上升沿有效,可使机器人开始运转(再现)。但是在再现状态下如禁止外部启动,则此信号无效
20012 调出主程序	只有上升沿有效,调出机器人程序的首条,即调出主程序的首条。但是在再现过程中、禁止再现调出主程序时此信号无效
20013 清除报警/错误	发生报警或错误时(在排除了主要原因的状态下),此信号一接通可解除报警及错误的状态
20022 焊接通/断信号(自 PLC)	输入来自联锁控制柜如 PLC 的焊接通/断选择开关的状态。根据此状态及机器人的状态可给焊机输出焊接通/断信号,信号输出时给焊接机的焊接通/断信号置为断,则不进行点焊
20023 焊接中断(自 PLC)	在焊机及焊钳发生异常需将机器人归复原位时,输入此信号。 输入此信号时,机器人可忽略点焊命令进行再现操作
20050 焊机冷却水异常	监视焊机冷却水的状态。本信号输入时,机器人显示报警并停止作业,但伺服电源仍保持接通状态
20051 焊钳冷却水异常	监视焊钳冷却水的状态。本信号输入时,机器人显示报警并停止作业,但伺服电源仍保持接通状态

逻辑号码/名称	功　能
20052 变压器过热	将焊钳变压器的异常信号直接传送给机器人控制器。此信号为常闭输入信号(NC)，信号切断时则报警。伺服电源仍保持接通状态
20053 气压低	气压低，此信号接通并报警。伺服电源仍保持接通状态
30057 电极更换要求	设定电极更换时的打点次数和实际打点次数不同时显示
30022 作业原点	当前的控制点在作业原点立方体区域时，此信号接通。依此可以判断出机器人是否在可以启动的位置上

2．点焊控制器的选型

1）点焊控制器的定义

焊接用控制装置是合理控制时间、电流、电极加压力这三大焊接条件的装置，综合了机械的各种动作控制、时间控制以及电流调整的功能。点焊设备的主回路结构示意图如图 5-3-4 所示。

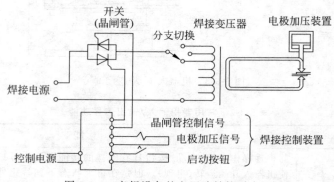

图 5-3-4　点焊设备的主回路结构示意图

（1）动作以及时间的控制

焊接工序如图 5-3-5 通电模式中所示，由启动按钮（启动）→加压时间（电极加压）→焊接时间（通电）→保持时间→结束时间（电极打开）构成。

（2）焊接电流的控制

安装在焊接变压器一次侧的晶闸管，除了用于控制电流的"通、断"以外，还可被用于控制一次输入电压的相位以及调整电流。

除此以外，电流调整的方法还有更改焊接变压器一次侧匝数（分支切换）的方法。但是由于此方法无法简单地实现自动切换（调整），因此除了特别要求的特殊焊机以外，一般不常使用。

2）点焊控制器的种类

点焊控制器的主要功能是完成点焊时的焊接参数输入、点焊程序控制、焊接电流控制及焊接系统故障自诊断，并实现与机器人控制器的通信联系。

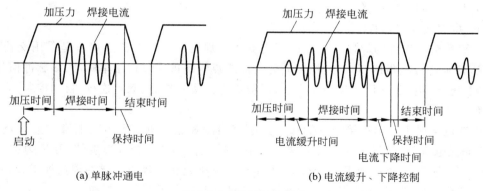

(a) 单脉冲通电　　　　　　　　　(b) 电流缓升、下降控制

图 5-3-5　点焊通电模式

（1）按供能方式分

按焊接变压器供能方式分，有交流式、大电容储能式、直流逆变式和交流逆变式等。其主电路如图 5-3-6 所示。

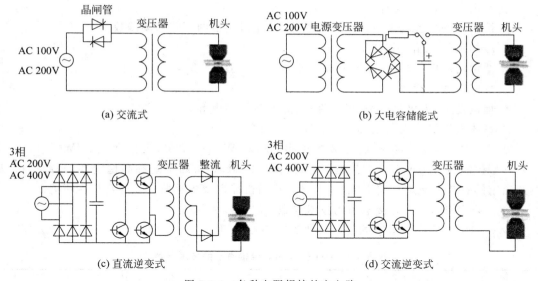

(a) 交流式　　　　　　　　　(b) 大电容储能式

(c) 直流逆变式　　　　　　　　　(d) 交流逆变式

图 5-3-6　各种电阻焊接的主电路

（2）按通信方式分

① 中央结构型。它将焊接控制部分作为一个模块与机器人本体控制部分共同安装在一个控制柜内，由主计算机统一管理并为焊接模块提供数据，焊接过程控制由焊接模块完成。其优点是设备集成度高，便于统一管理。

② 分散结构型。点焊控制器与机器人本体控制柜分开，二者通过应答通信联系，机器人控制柜给出焊接信号后，其焊接过程由点焊控制器自行控制，焊接结束后给机器人发出结束信号，以便机器人控制柜控制机器人移动。这种结构优点是调试灵活，焊接系统可单独使用，但需要一定距离的通信，集成度不如中央结构型高。

3）点焊控制器的选择

（1）按焊接材料选择

① 黑色金属工件的焊接。一般选用交流式点焊机。因为交流点焊机是采用交流电放电焊接，特别适合电阻值较大的材料，同时交流式点焊机可通过运用单脉冲、多脉冲信号、周波、时间、电压、电流、程序各项控制方法，对被焊工件实施单点、双点连续、自动控制、人为控制焊接。

② 有色金属工件的焊接。一般选用大电容储能式点焊机。因为大电容储能式点焊机是利用储能电容放电焊接，具有对电网冲击小、焊接电流集中、释放速度快、穿透力强、热影响区域小等特点，广泛适合于银、铜、铝、不锈钢等各类金属的片、棒、丝的焊接加工。

③ 需要高精度、高标准焊接的特殊合金材料可选择中频逆变点焊机。

（2）按焊机的技术参数选择

① 电源额定电压、电网频率、一次电流、焊接电流、短路电流、连续焊接电流和额定功率。

② 最大、最小及额定电极压力或顶锻压力、夹紧力。

③ 额定最大、最小臂伸和臂间开度。

④ 短路时的最大功率及最大允许功率，额定级数下的短路功率因数。

⑤ 冷却水及压缩空气耗量。

⑥ 适用的焊件材料、厚度或断面尺寸。

⑦ 额定负载持续率。

⑧ 焊机重量、焊机生产率、可靠性指标、寿命及噪声等。

4）具体点焊机器人电阻焊接控制器装置简介

点焊机器人电阻焊接控制器装置很多，现以 IWC5-10136C 为例介绍。IWC5-10136C 电阻焊接控制装置为逆变式焊接电源，采用微机控制，具备高性能和高稳定性的特点，可以按照指定的直流电流进行定电流控制，具有步增机能以及各种监控及异常检测机能。

（1）IWC5-10136C 焊接电源的技术参数

IWC5-10136C 焊接电源的技术参数见表 5-3-3。

表 5-3-3　IWC5-10136C 焊接电源的技术参数

额定电压及周波数	额定电压	三相 AC380V、400V、415V、440V、480(1±15％)V
	焊接电源周波数	50Hz/60Hz(自动切换)
	控制电源	在控制器内部从焊接电源引出
	消耗功率	约 80V·A(无动作时)
冷却条件	本体	强制式空气冷却
	IGBT 单元	水冷式，给水侧温度 30℃ 以下 冷却水量 5L/min 以上 冷却水压 300kPa 以下 电阻率 5000Ω·cm 以上
控制主电路	IGBT	集电极-发射极间电压 1200V 集电极电流 400A
适用焊接变压器	逆变式直流变压器	

续表

控制方式	IGBT 采用桥式 PWM 逆变控制	
	逆变周波数	700～1800Hz(从 700Hz、1000Hz、1200Hz、1500Hz、1800Hz 中选择一种进行控制)
焊接电流控制方式	额定电流控制	一次电流循环反馈方式控制 设定精度：±3％或 300A 以内 重复精度：在焊接电源电压及负荷变动±10％以内时，±2％或 300A 以内，上升及下降周期除外
存储数据的保存	数据保存电源	超电容或锂电池(选配件)
	程序数据保存期限	半永久
	监控数据保存期限	电源切断后保存 15 天以上，加装锂电池时保存 10 年
	异常历史数据保存期限	电源切断后保存 15 天以上，加装锂电池时保存 10 年
	数据写擦次数	闪存 10 万次
控制范围	一次电流控制范围	50～400A(根据使用率的情况有限制)
	二次电流控制范围	2.0～25.5kA
	焊接变压器卷数比	4.0～200.0
	加压力控制范围	100～800kPa(使用加压力控制选配件时)
使用率		400A，10％以下

（2）IWC5 焊接电源的优点

IWC5-10136C 电阻焊接装置的主回路结构和焊机电流波形如图 5-3-7 所示。

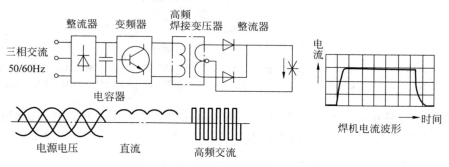

图 5-3-7　主回路结构和焊机电流波形

① 直流焊接。逆变式焊机一般采用 1kHz 左右逆变中频电源，经变压器次级整流，可提供连续的直流焊接电流，电流单方向加热工件，热效率提高；无输出感抗影响，大大提高焊接质量。

② 焊接变压器小型化。焊接变压器的铁心截面积与输入交流频率成反比，故中频输入可减小变压器铁心截面积，减小了变压器的体积和重量。尤其适合点焊机器人的配套需要，焊机轻量化，减小机器人的驱动功率，提高性价比。

③ 电流控制响应速度提高。1kHz 左右频率电流控制响应速度为 1ms，比工频电阻焊机响应速度快 20 倍，从而可以方便地实现焊接电流实时控制，形成多种焊接电流波形，适合各种焊接工艺需要，飞溅减少，电极寿命提高，焊点质量稳定。

④ 三相电源输入,三相负载平衡,功率因数高,输入功率减少,节能效果好。

5)焊接过程

点焊的焊接过程一般由四个基本阶段构成一个循环。

(1)预压阶段。电极下降到电流接通阶段,确保电极压紧工件,使工件间有适当压力。

(2)焊接时间。焊接电流通过工件,产热形成熔核。

(3)维持时间。切断焊接电流,电极压力继续维持至熔核凝固到足够强度。

(4)休止时间。电极开始提起到电极再次开始下降,开始下一个焊接循环。

焊接基本动作时序如图5-3-8所示。图中所示为脉冲波动次数1次的情况,实际焊接时按设定的脉冲波动次数反复运行CT1、W2。

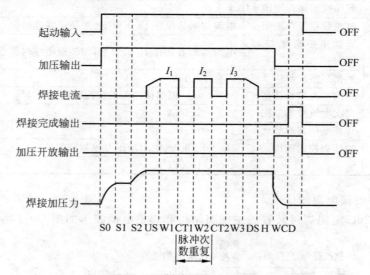

图 5-3-8　焊接基本动作时序

S0—预加压时间;S1—加压时间;S2—加压力稳定时间;US—上升周期;W1—通电时间1;CT1—冷却时间1;
W2—通电时间2;CT2—冷却时间2;W3—通电时间3;DS—下降周期;H—保持时间;WCD—焊接完成延迟时间

上升时间过程初期电流值为 $I_1 \times 1/2$,最终电流值为 I_1;下降时间过程初期电流值为 I_3,最终电流值为 $I_3 \times 1/2$,焊接电流为 I_2。

6)步增机能

随着电极帽的损耗,增加电流可以延长焊接打点的寿命。通过最终步增信号输出和步增结束信号的输出,也可以了解到电极帽研磨和更换的时期。步增机能的动作分阶梯式升级和线性上升两种,分别如图5-3-9、图5-3-10所示。

7)电流控制方式

(1)焊接电流变动的原因

导致焊接电流变动的主要原因有以下几种。

① 供电电源电压变动。

② 电阻负荷的变动(由于焊接部位发热而造成电阻负荷变动;由于被焊接物电阻率不同而导致电阻负荷变动等)。

③ 电抗的变动(当各种大小的磁性被焊接物进入焊机的悬臂内时,造成电抗变动)。

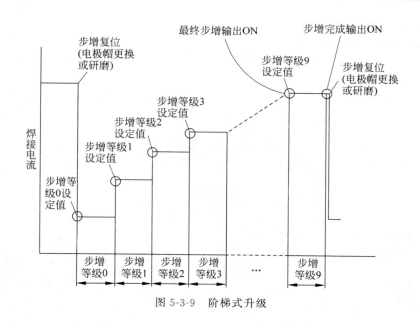

图 5-3-9　阶梯式升级

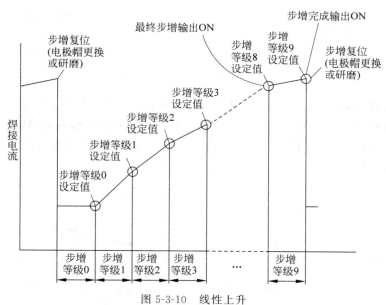

图 5-3-10　线性上升

（2）电流控制方式

① 定电流控制。测定 1 次电流并基于此数值计算控制使实际通过的电流接近指定电流值，对电源电压的变动和负载的变动进行高速应答。

② 恒定热量控制。在点焊中，随着焊接点数的增加，电极顶端直径的增大，以及电极的氧化，导致电极间的电压下降。通过恒定热量控制，使焊接电流随着电极的损耗逐步加大，保证两者乘积即功率的值不变。

恒定热量控制与定电流控制相比，其优点是发生的飞溅比较少。但是恒定热量控制方式无法像定电流控制方式一样直接设定焊接电流，因此使用比较麻烦。

8）IWC5 焊接电源系统连接

（1）IWC5 焊接电源的配线

IWC5 焊接电源的配线如图 5-3-11 所示。

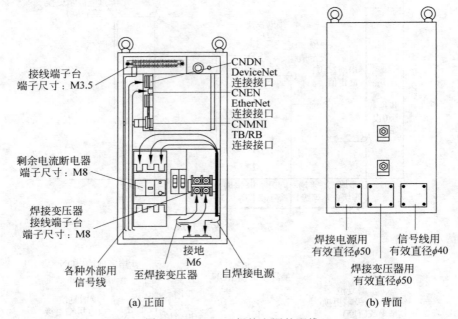

(a) 正面 (b) 背面

图 5-3-11 IWC5 焊接电源的配线

离散式接口的输入信号电源可使用焊接电源基板的内部电源，也可选择外部电源。当使用内部电源时，将带有 INTERNAL POWER 标贴接头连接到输入电路电源切换接头上；当使用外部电源时，将带有 EXTERNAL POWER 标贴接头连接到输入电路电源切换接头上，如图 5-3-12 所示。

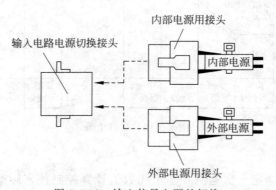

图 5-3-12 输入信号电源的切换

（2）离散式输入信号端口的配线

共有 14 点离散式输入信号，公共端 IC 与 DC 24V 电源的 0V 端等电位，采用内部电源离散式输入信号接线图，如图 5-3-13 所示。

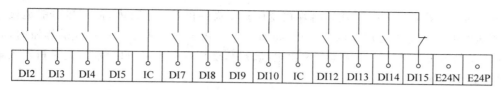

图 5-3-13　采用内部电源离散式输入信号接线图

（3）离散式输出信号端口的配线

离散式输出信号接线方式如图 5-3-14 所示。

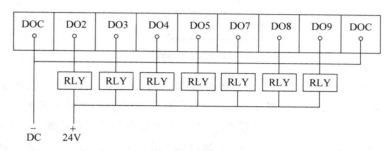

图 5-3-14　离散式输出信号接线方式

3. 机器人点焊钳

1）焊钳的种类

（1）从焊接变压器与焊钳的结构关系上可将焊钳分为分离式、内藏式和一体式。

① 分离式焊钳。该焊钳的特点是焊接变压器与钳体相分离，钳体安装在机器人手臂上，而焊接变压器悬挂在机器人的上方，可在轨道上沿着机器人手腕移动的方向移动，二者之间用二次电缆相连，如图 5-3-15 所示。其优点是减小了机器人的负载、运动速度高、价格便宜。

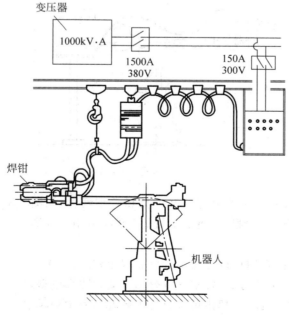

图 5-3-15　分离式焊钳点焊机器人

② 内藏式焊钳。这种结构是将焊接变压器安放到机器人手臂内,使其尽可能地接近钳体,变压器的二次电缆可以在内部移动,如图 5-3-16 所示。当采用这种形式的焊钳时,必须同机器人本体统一设计。其优点是二次电缆较短,变压器的容量可以减小,但是机器人本体的设计会变得复杂。

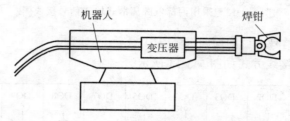

图 5-3-16　内藏式焊钳点焊机器人

③ 一体式焊钳。所谓一体式,就是将焊接变压器和钳体安装在一起,然后共同固定在机器人手臂末端的法兰盘上,如图 5-3-17 所示。其主要优点是省掉了粗大的二次电缆及悬挂变压器的工作架,直接将焊接变压器的输出端连到焊钳的上、下机臂上,另一个优点是节省能量。例如,输出电流 12000A,分离式焊钳需 75kV·A 的变压器,而一体式焊钳只需 25kV·A。

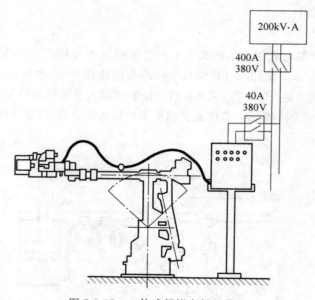

图 5-3-17　一体式焊钳点焊机器人

（2）点焊机器人焊钳从用途上可分为 X 型和 C 型两种,如图 5-3-18 所示。X 型焊钳主要用于点焊水平及近于水平倾斜位置的焊缝;C 型焊钳用于点焊垂直及近于垂直倾斜位置的焊缝。

（3）按焊钳的行程,焊钳可以分为单行程和双行程。

（4）按焊钳加压的驱动方式,焊钳可以分为气动焊钳和电动焊钳。

（5）按焊钳变压器的种类,焊钳可以分为工频焊钳和中频焊钳。

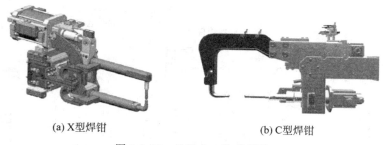

(a) X型焊钳　　　　　　　　　(b) C型焊钳

图 5-3-18　机器人一体式焊钳

（6）按焊钳的加压大小，焊钳可以分为轻型焊钳和重型焊钳，一般的，电极加压力在450kg 以上的焊钳称为重型焊钳，450kg 以下的焊钳称为轻型焊钳。

2）焊钳的结构

点焊机器人用的焊钳都是所谓的"一体式"焊钳。这样的焊钳无论是 C 型还是 X 型，在结构上大致都可分为焊臂、变压器、气缸或伺服电动机、机架和浮动机构等。C 型焊钳结构及部件名称如图 5-3-19 所示，X 型焊钳结构及部件名称如图 5-3-20 所示。

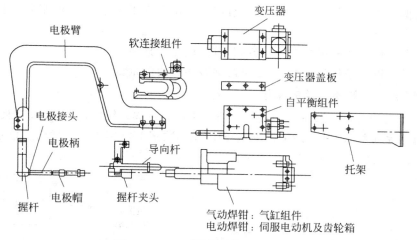

图 5-3-19　C 型焊钳结构及部件名称

（1）焊臂

点焊机器人焊钳的焊臂按照使用材质分类主要有铸造焊臂、铜焊臂和铝合金焊臂三种形式。由于材质的不同，所以相应的结构形式也有所区别。

（2）变压器

与焊接机器人连接的焊钳，按照焊钳的变压器形式，可分为中频焊钳和工频焊钳。

（3）电极臂

按电极臂驱动形式的不同可分为气动和电动机伺服驱动。

电动机伺服点焊钳具有如下优点：①提高工件的表面质量；②提高生产效率；③改善工作环境。

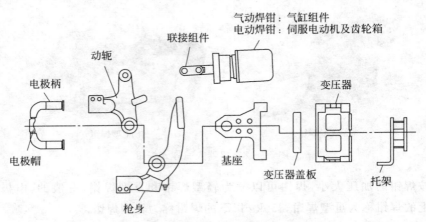

图 5-3-20 X 型焊钳结构及部件名称

3）焊钳的选择

焊钳选择的基本原则如下。

（1）根据工件的材质和板厚,确定焊钳电极的最大短路电流和最大加压力。

（2）根据工件的形状和焊点在工件上的位置,确定焊钳钳体的喉深、喉宽、电极握杆、最大行程和工作行程等。

（3）综合工件上所有焊点的位置分布情况,确定选择何种焊钳。

（4）在满足以上条件的情况下,尽可能地减小焊钳的重量。

4. 点焊机器人的外部控制系统

以某企业机器人点焊系统为例进行介绍。机器人点焊系统由机器人系统、夹具系统、转台系统和焊接系统构成,工作站采用 PROFIBUS＋数字 I/O 实现彼此通信。该系统电气结构如图 5-3-21 所示。

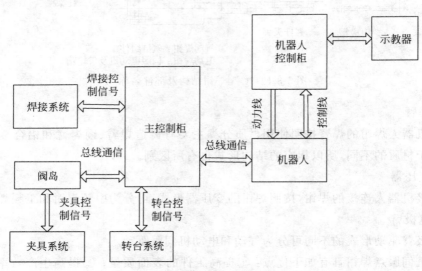

图 5-3-21 点焊系统电气控制部分结构

1）安全防护系统

系统上电后,初始化机器人的状态,对于安全信号,则分等级处理,重要的安全信号通过和机器人的硬线连接来控制机器人急停;级别较低的安全信号通过 PLC 给机器人发"外部停止"命令。系统的任务选择是由输送线控制器完成的,输送线控制器通过传感器来确定车型并通过编码方式向机器人点焊工作站发出相应的工作任务,点焊控制器接受任务并调用相应的机器人程序进行焊接。焊接过程中,系统检测机器人的工作状态,如机器人发生错误或故障,系统自动停止机器人及点焊的动作。当机器人在车身不同的部位焊接时,需要不同的焊接参数。控制焊枪动作的焊接控制器中可存储多种焊接规范,每组焊接规范对应一组焊接工艺参数。机器人向 PLC 发出焊接文件信号,PLC 通过焊接控制器向焊枪输出需要的焊接工艺参数。车体焊接完成后,机器人可按设定的方式进行电极修磨。

点焊机器人的工作范围必须符合安全要求,即必须在任何情况下都不会对人员或设备构成威胁。在机器人动作范围内,必须采取隔离措施保护,这些隔离保护措施可以是隔离栅栏、光栅、光幕、空间扫描装置等。本设计采用隔离栅栏和光栅的保护措施。另外,系统中设有急停回路,以便在各种突发情况下将系统停止,确保人员和设备的安全。

（1）隔离栅栏保护

隔离栅栏的作用是将机器人的工作区域与外界隔离开来。设有一个安全门,机器人在自动模式下工作时速度相当快,如果有人打开安全门,试图进入机器人工作区域内,机器人会自行停止工作,以确保人员安全。隔离栅栏保护控制系统如图 5-3-22 所示。

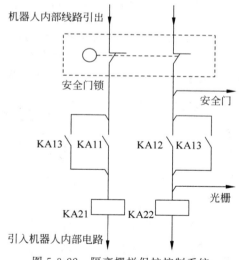

图 5-3-22　隔离栅栏保护控制系统

（2）安全光栅保护

为确保安全,转台在转动时不允许人员进入机器人工作区域。安全光栅位于装件区两侧,一侧是发射端,另一侧是接收端。如果有人在转台工作时试图从装件区进入机器人工作区域必定要穿过安全光栅,这样接收端便接收不到发射端发射的光,从而产生转台停止信号。如图 5-3-23 所示为安全光栅保护电路。

（3）急停回路

在机器人点焊系统的调试运行过程中,经常会出现一些突发情况,例如工人在调试机器人

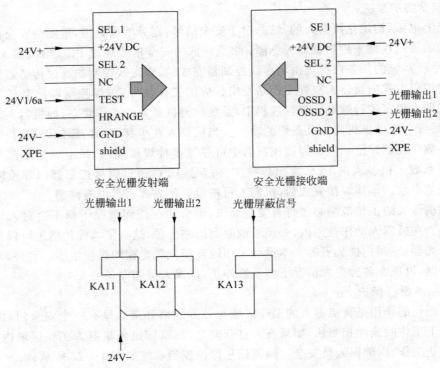

图 5-3-23　安全光栅保护电路

过程中出现机器人动作偏离轨迹而撞上转台夹具或焊钳电极与板件粘结等,这就需要及时排除险情。在机器人示教器以及主控制柜的控制面板上分别设有"急停"按钮,便于在出现紧急情况时能将系统停止工作,以免发生安全事故。如图 5-3-24 所示为急停电路电气控制图。

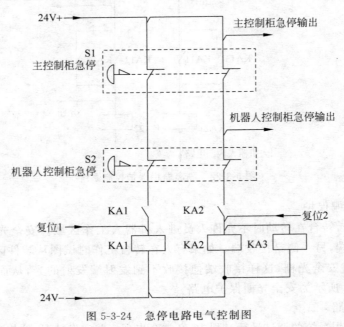

图 5-3-24　急停电路电气控制图

2) 夹具系统

（1）电感式接近开关的工作原理

电感式接近开关由三大部分组成：振荡器、开关电路及放大输出电路。振荡器产生一个交变磁场，当金属板件接近这一磁场，并达到感应距离时，在金属板件内产生涡流，从而导致振荡衰减，以致停振。振荡器振荡及停振的变化被后级放大电路处理并转换成开关信号传输到 PLC，作为夹具关闭的必要条件。此时，接近开关的工作指示灯会点亮。如果指示灯没有点亮，则说明板件位置没有放好，夹具不会关闭，否则会将板件压变形。如图 5-3-25 所示为电感式接近开关的工作原理。

（2）气缸的工作原理

气缸为双作用气缸，其被活塞分为两个腔室：有杆腔和无杆腔。当 PLC 接收到夹具的夹紧信

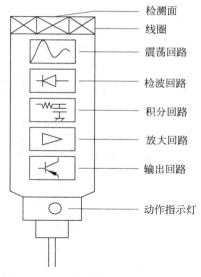

图 5-3-25　电感式接近开关的工作原理

号，通过总线传输到阀岛，阀岛打开相应气路，压缩空气从无杆腔端的进气口输入，并在活塞左端面上的力克服了运动摩擦力、负载等反作用力，推进活塞前进，有杆腔内的空气经该端排气口排入大气，使活塞伸出，从而带动夹具夹紧。当活塞前进到位时，接近开关感应到活塞右边的金属面而接通，向阀岛反馈夹具夹紧到位信号，阀岛收到信号后，关闭相应气路。同样，当 PLC 接收到夹具松开信号时，压缩空气从有杆腔输入，无杆腔气体从排气口排出，完成夹具松开动作。如图 5-3-26 所示为气缸的工作原理。

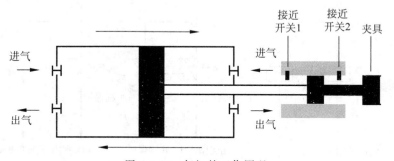

图 5-3-26　气缸的工作原理

3) 转台系统

转台电动机是通过变频器来控制的。电动机设有两种转速，即低速和高速。当系统在手动模式时，出于安全考虑，转台转动时电动机始终处于低速状态；而在自动模式下，当转台电动机启动之后就处于高速状态，直到减速位的接近开关感应到信号时，电动机转为低速运动，当停止位接近开关感应到信号，电动机则停止。在这种情况下，低速运动作为转台电动机由高速状态到停止状态的一个过渡过程。如图 5-3-27 所示为变频器控制转台电动机。

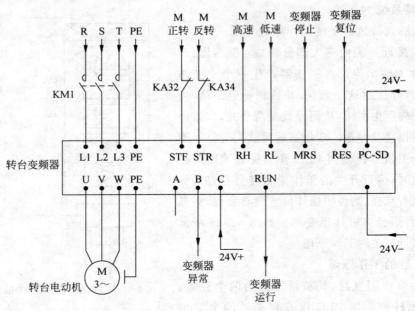

图 5-3-27 变频器控制转台电动机

（1）转台定位

转台定位电路控制系统如图 5-3-28 所示。

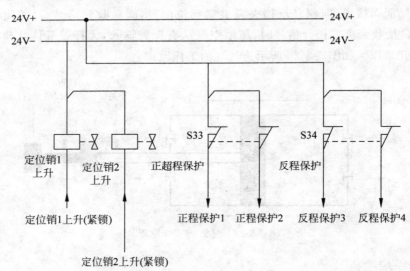

图 5-3-28 转台定位电路控制系统

（2）转台减速

转台减速电路控制系统如图 5-3-29 所示。

（3）转台制动

转台制动电路控制系统如图 5-3-30 所示。

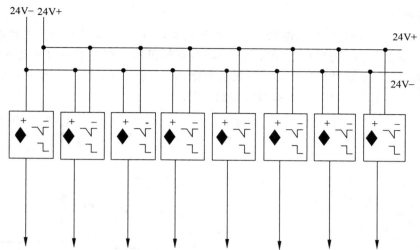

图 5-3-29　转台减速电路控制系统

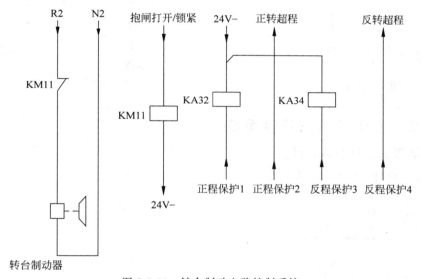

图 5-3-30　转台制动电路控制系统

4）焊接系统

（1）焊钳

气动焊钳通过气缸实现焊钳的闭合与打开。它有三种动作：大开、小开和闭合。焊钳动作过程及相应动作功能如表 5-3-4 所示，如图 5-3-31 所示为焊钳控制电路。

表 5-3-4　焊钳动作过程及相应动作功能

焊钳动作过程	动作的功能
大开—小开	避开障碍之后，到达焊点位置
小开—闭合	开始打点
闭合—小开	打点结束
小开—大开	避开障碍，前往下一焊点位置

（2）修磨器

焊钳在焊接一段时间之后，电极头表面会氧化磨损，这时需要将其修磨之后才能继续使用。为了实现生产装备的自动化，提高生产节拍，点焊机器人配备了一台自动电极修磨器，实现电极头工作面氧化磨损后的修锉过程自动化，同时也避免了人员频繁进入生产线带来的安全隐患。如图 5-3-32 所示为修磨器控制电路。

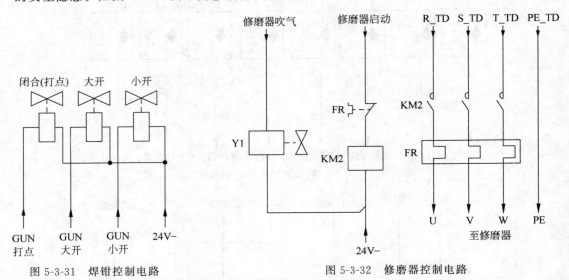

图 5-3-31　焊钳控制电路　　　　　　　　　图 5-3-32　修磨器控制电路

5.3.2　点焊工作站软件系统

1. 手动模式软件总体设计

手动模式软件总体设计如图 5-3-33 所示。

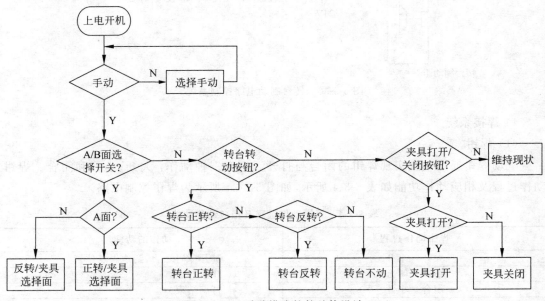

图 5-3-33　手动模式软件总体设计

2. 自动模式软件总体设计

自动模式软件总体设计如图 5-3-34 所示

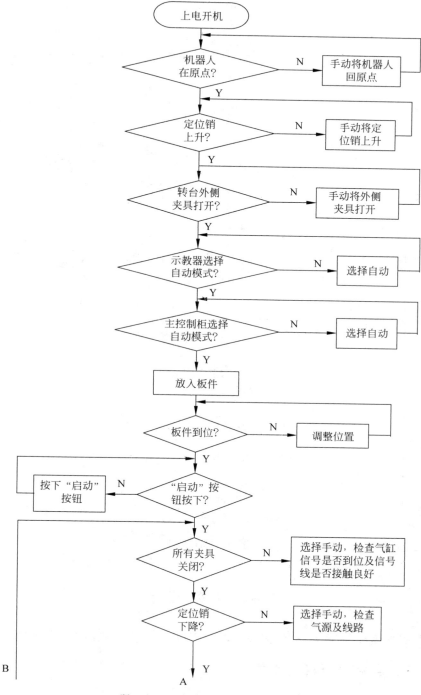

图 5-3-34　自动模式软件总体设计

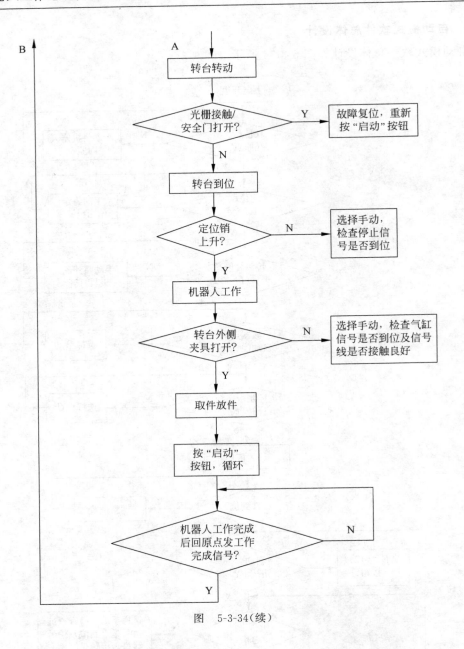

图 5-3-34（续）

5.4 参数设置

不同的焊接系统，其参数设置是不一样的，现以 ABB 点焊机器人为例介绍其参数设置。

5.4.1 点焊的 I/O 配置

ABB 点焊 I/O 板的功能见表 5-4-1。

表 5-4-1　ABB 点焊 I/O 板的功能

I/O 板名称	说　　明
SW_BOARD1	点焊设备 1 对应基本 I/O
SW_BOARD2	点焊设备 2 对应基本 I/O
SW_BOARD3	点焊设备 3 对应基本 I/O
SW_BOARD4	点焊设备 4 对应基本 I/O
SW_SIM_BOARD	机器人内部中间信号

　　一台机器人最多可以连接 4 套点焊设备。下面以一个机器人配一套点焊设备为例，说明常用的 I/O 配置情况。I/O 板 SW_BOARD1 的信号分配见表 5-4-2。I/O 板 SW_SIM_BOARD 的常用信号分配见表 5-4-3。

表 5-4-2　I/O 板 SW_BOARD1 的信号分配

信　　号	类　　型	说　　明
gl_start_weld	Output	点焊控制器启动信号
gl_weld_prog	Output group	调用点焊参数组
gl_weld_power	Output	焊接电源控制
gl_reset_fault	Output	复位信号
gl_enable_curr	Output	焊接仿真信号
gl_weld_complete	Input	点焊控制器准备完成信号
gl_weld_fault	Input	点焊控制器故障信号
gl_timer_ready	Input	点焊控制器焊接准备完成
gl_new_program	Output	点焊参数组更新信号
gl_equalize	Output	点焊枪补偿信号
gl_close_gun	Output	点焊枪关闭信号（气动枪）
gl_open_hilift	Output	打开点焊枪到 hilift 的位置（气动枪）
gl_close_hilift	Output	从 hilift 位置关闭点焊枪（气动枪）
gl_gun_open	Input	点焊枪打开到位（气动枪）
gl_hilift_open	Input	点焊枪已打开到 hilift 位置（气动枪）
gl_pressure_ok	Input	点焊枪压力没问题（气动枪）
gl_start_water	Output	打开水冷系统
gl_temp_ok	Input	过热报警信号
gl_flow1_ok	Input	管道 1 水流信号
gl_flow2_ok	Input	管道 2 水流信号
gl_air_ok	Input	补偿气缸压缩空气信号
gl_weld_contact	Input	焊接接触器状态
gl_equipment_ok	Input	点焊枪状态信号
gl_process_group	Output group	点焊枪压力输出
gl_process_run	Output	点焊状态信号
gl_process_fault	Output	点焊故障信号

表 5-4-3　I/O 板 SW_SIM_BOARD 的常用信号分配

信　　号	类　　型	说　　明
force_complete	Input	点焊压力状态
reweld_proc	Input	再次点焊信号
skip_proc	Input	错误状态应答信号

5.4.2 点焊的常用数据

在点焊的连续工艺过程中,需要根据材质或工艺的特性调整点焊过程中的参数,以达到工艺标准的要求。在点焊机器人系统中,用程序数据控制这些变化的因素。需要设定点焊设备参数、点焊工艺参数和点焊枪压力参数三个常用参数。

1) 点焊设备参数(gundata)

点焊设备参数用来定义点焊设备指定的参数,用在点焊指令中。该参数在点焊过程中控制点焊枪达到最佳的状态。每一个 gundata 对应一个点焊设备。当使用伺服点焊枪时,需要设定的点焊设备参数见表 5-4-4。

表 5-4-4　点焊设备参数

参 数 名 称	参 数 注 释
gun_name	点焊枪名字
pre_close_time	预关闭时间
pre_equ_time	预补偿时间
weld_counter	已点焊记数
max_nof_welds	最大点焊数
curr_tip_wear	当前点焊枪磨损值
max_tip_wear	点焊枪磨损值
weld_timeout	点焊完成信号延迟时间

2) 点焊工艺参数(spotdata)

点焊工艺参数是用于定义点焊过程中的工艺参数。点焊工艺参数是与点焊指令 SpotL/J 和 SpotML/J 配合使用的。当使用伺服点焊枪时,需要设定的点焊工艺参数见表 5-4-5。

表 5-4-5　点焊工艺参数

参 数 名 称	参 数 注 释	参 数 名 称	参 数 注 释
prog_no	点焊控制器参数组编号	plate_thickness	定义点焊钢板的厚度
tip_force	定义点焊枪压力	plate_tolerance	钢板厚度的偏差

3) 点焊枪压力参数(forcedata)

点焊枪压力参数用于定义在点焊时的关闭压力。点焊枪压力参数与点焊指令 setForce 配合使用。当使用伺服点焊枪时,需要设定的点焊枪压力参数见表 5-4-6。

表 5-4-6　点焊枪压力参数

参 数 名 称	参 数 注 释	参 数 名 称	参 数 注 释
tip_force	点焊枪关闭压力	plate_mickness	定义点焊钢板的厚度
force_time	关闭时间	plate_tolerance	钢板厚度的偏差

习　　题

一、填空题

1. 点焊机器人是用于＿＿＿＿＿＿自动作业的工业机器人。点焊机器人的典型应用领域是汽_____。

2. 点焊工作站由机器人系统、_____、_____、电阻焊接控制装置、焊接工作台、其他辅助设备工具等组成,采用双面单点焊方式。

二、单选题

点焊是_____的一种。

A. 电阻焊　　　　B. 电弧焊

三、简答题

1. 简述点焊的工艺过程。

2. 点焊的通电方式根据焊接电流在电极-接合部-电极间按照何种回路进行流动,简述点焊分成哪四大类。

第6章

工业机器人喷涂工作站系统集成

知识目标

1. 熟悉工业机器人喷涂工作站组成。

2. 掌握工业机器人喷涂工作站的工作过程。

能力目标

1. 能根据任务要求,合理选用工业机器人。

2. 能根据任务要求,完成工业机器人喷涂工作站的设计。

3. 能完成工业机器人喷涂工作站的参数配置。

素质目标

铸就精益求精的工匠精神。

6.1 喷涂工业机器人

认识喷涂
工业机器人

6.1.1 喷涂工业机器人简介

1. 喷涂机器人简介

喷涂机器人又叫喷漆机器人(spray painting robot),是可进行自动喷漆或喷涂其他涂料的工业机器人,1969 年由挪威 Trallfa 公司(后并入 ABB 集团)发明。

计算机控制的喷涂机器人早在 1975 年就投入使用,它可以避免人体的健康受到危害,提高经济效益(如节省油漆)和喷涂质量。由于具有可编程能力,所以喷涂机器人能适应于各种应用场合。例如,在汽车工业上,可利用喷涂机器人对下车架和前灯区域、轮孔、窗口、下承板、发动机部件、门面以及后备厢等部分进行喷漆。由于能够代替人在危险和恶劣环境下进行喷涂作业,所以喷涂机器人得到了日益广泛的应用。

由于喷涂工序中雾状漆料对人体有危害,喷涂环境中照明、通风等条件很差,而且不易从根本上改进,因此在这个领域中大量使用了喷涂机器人。使用喷涂机器人不仅可以改善劳动条件,而且可以提高产品的产量和质量、降低成本。

杜尔公司的第二代涂装机器人 EcoRP E32/33 首次亮相是在 2005 年 9 月,此后不久,该机器人就在正式生产中显示了它非凡的实力。德国乌尔姆市的艾瓦客车作为首位客户购买了两台 EcoRP E33 型机器人,用于改造后的中涂线巴士汽车涂装,该涂装设备于 2006 年1月启用,取得了不错的效果。与此同时,还有其他项目分别在美国、墨西哥、西班牙、英国和韩国等地进行。在墨西哥的戴姆勒克莱斯勒汽车公司,两个面漆涂装机站在改造前总共需要 20 只雾化器,而在改造后只需 8 台 EcoRP E33 机器人。单纯从雾化器数量的减少看,就已经节省了可观的油漆和能源;而且该机器人布置在 1.9m 高的轨道上,有利于皮卡车厢的涂装生产,同时还提高了该涂装区域(对新车型)的适应性,如图 6-1-1所示。

图 6-1-1　汽车涂装线

2. 喷涂机器人的一般要求与特点

1) 喷涂机器人的环境要求

(1) 工作环境包含易爆的喷涂剂蒸气。

(2) 沿轨迹高速运动,途经各点均为作业点。

(3) 多数的被喷涂件都搭载在传送带上,边移动、边喷涂。

2) 喷涂机器人的技术要求

(1) 机器人的运动链要有足够的灵活性,以适应喷枪对工件表面的不同姿态要求,多关节型为最常用,它有 5～6 个自由度。

(2) 要求速度均匀,特别是在轨迹拐角处误差要小,以避免喷涂层不均。

(3) 控制方式通常为手把手示教方式,因此要求在其整个工作空间内示教时省力,要考虑重力平衡问题。

(4) 可能需要轨迹跟踪装置。

(5) 一般均用连续轨迹控制方式。

(6) 要有防爆要求。

3) 涂装机器人特点

涂装机器人作为一种典型的涂装自动化装备,与传统的机械涂装相比,具有以下优点。

(1) 最大限度提高涂料的利用率、降低涂装过程中的 VOC(有害挥发性有机物)排放量。

(2) 显著提高喷枪的运动速度,缩短生产节拍,效率显著高于传统的机械涂装。

(3) 柔性强,能够适应于多品种、小批量的涂装任务。

(4) 能够精确保证涂装工艺的一致性,获得较高质量的涂装产品。

(5) 与高速旋杯经典涂装站相比,可以减少大约 30%～40% 的喷枪数量,降低系统故障概率和维护成本。

喷涂机器人、手工喷涂和往复式自动喷涂机的特性比较列于表 6-1-1 中。

表 6-1-1　喷涂机器人、手工喷涂和往复式自动喷涂机的特性比较

项　目	手工喷涂	往复式自动喷涂机	喷涂机器人
生产能力	小	大	中
被涂物形状	都适用	与喷枪垂直的面	都适用
被涂物尺寸大	不适用	适用	中
被涂物尺寸小	适用	不适用	适用
被涂物种类变化	适用	适用	需示数
涂抹的偏差	有	有	无
补漆的必要性	有	有	无
不良率	中	大	小
涂料使用量(产生的废弃物)	小	大	小
设备投资	小	中	大
维护费用	小	中	大
总的涂装成本	大	中	小

4) 喷涂机器人的应用特点

(1) 能够通过示教器方便地设定流量、雾化气压、喷幅气压以及静电量等涂装参数。

(2) 具有供漆系统,能够方便地进行换色、混色,确保高质量、高精度的工艺调节。

(3) 具有多种安装方式,如:落地、倒置、角度安装和壁挂。

(4) 能够与转台、滑台、输送链等一系列的工艺辅助设备轻松集成。

(5) 结构紧凑,方便减少喷房尺寸,降低通风要求。

3. 喷涂机器人的分类

1) 按球形手腕和非球形手腕分类

目前,国内外的涂装机器人大多数从构型上仍采取与通用工业机器人相似的 5 或 6 自由度串联关节式机器人,在其末端加装自动喷枪,按照手腕构型划分,喷涂机器人主要有球形手腕喷涂机器人和非球形手腕喷涂机器人,如图 6-1-2 所示。

　　(a) 球形手腕喷涂机器人　　　　(b) 非球形手腕喷涂机器人

图 6-1-2　喷涂机器人分类

(1) 球形手腕喷涂机器人

球形手腕喷涂机器人与通用工业机器人手腕构型类似,手腕三个关节轴线相交于一点。

目前绝大多数商用机器人采用 Bendix 手腕,如图 6-1-3 所示。该手腕结构能够保证机器人运动学逆解具有解析解,便于离线编程的控制,但是由于其腕部第二关节不能实现 360°周转,故工作空间相对较小。采用球型手腕的喷涂机器人多为紧凑型结构,其工作半径多在 0.7~1.2m,多用于小型工件的喷涂。

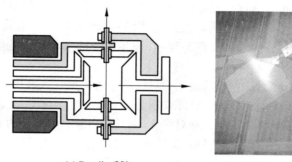

(a) Bendix手腕　　　　　　　(b) 采用Bendix手腕结构的喷涂机器人

图 6-1-3　Bendix 手腕结构及涂装机器人

（2）非球形手腕喷涂机器人

非球形手腕涂装机器人手腕的 3 个轴线并非如球形手腕机器人一样相交于一点,而是相交于两点。非球形手腕机器人相对于球型手腕机器人来说更适于喷涂作业。该型喷涂机器人每个腕关节旋转角度都能达到 360°以上,手腕灵活性强,机器人工作空间大,特别适用于复杂曲面及狭小空间内的喷涂作业,但由于非球形手腕运动学逆解没有解析解,增大了机器人控制的难度,难以实现离线编程控制。

非球形手腕机器人根据相邻轴线的位置关系又可分为正交非球形手腕和斜交非球形手腕,如图 6-1-4 所示。图 6-1-4(a)所示 Comau SMART-3 S 型机器人所采用的即为正交非球形手腕,其相邻轴线夹角为 90°;FANUC P-250iA 型机器人的手腕相邻两轴线不垂直,而是呈一定的角度,即斜交非球形手腕,如图 6-1-4(b)所示。

(a) 正交非球形手腕　　　　　　　(b) 斜交非球形手腕

图 6-1-4　非球形手腕喷涂机器人

现今应用的喷涂机器人中很少采用正交非球型手腕,主要是其在结构上相邻腕关节彼此垂直,容易造成从手腕中穿过的管路出现较大的弯折、堵塞甚至折断管路。相反,斜交非球型手腕若做成中空的,各管线从中穿过,直接连接到末端高转速旋杯喷枪上,在作业过程中内部管线较为柔顺,故被各大厂商采用。

2)按液压与电动分类

按液压与电动分类可分为液压喷涂机器人和电动喷涂机器人。喷涂机器人之所以一直采取液压驱动方式,主要是从它必须在充满可燃性溶剂蒸气环境中安全工作考虑的。近年来,由于交流伺服电动机的应用和高速伺服技术的进步,在喷涂机器人中采用电驱动已经成为可能。现阶段,电动喷涂机器人多采用耐压或内压防爆结构,限定在1类危险环境(在通常条件下有生成危险气体介质的危险)和2类危险环境(在异常条件下有生成危险气体介质的危险)下使用。

电动喷涂机器人采用所谓内压防塌方式,这是指往电气箱中人为地注入高压气体(比易爆危险气体介质的压力高)的做法。在此基础上,如再采用无火花交流电动机和无刷旋转变压器,则可组成安全性更好的防爆系统。为了保证绝对安全,电气箱内装有监视压力状态的压力传感器,一旦压介质之压力降到设定值以下,它便立即感知并切断电源,停止机器人工作。

6.1.2　认识喷涂工业机器人

1. ABB Flex Painter IRB 5500 喷涂机器人

瑞士 ABB 机器人公司推出的为汽车工业量身定制的最新型涂装机器人——Flex Painter IRB 5500 涂装机器人,如图 6-1-5 所示。它在涂装范围、涂装效率、集成性和综合性价比等方面具有较为突出的优势。依托 QuickMove 和 TrueMove 功能,可以实现高加速度的运动和灵活精准快速的涂装作业。其中,QuickMove 功能可以确保机器人能够快速从静止加速到设定速度,最大加速度可达 $24\mathrm{m/s^2}$,而 TrueMove 功能则可以确保机器人在不同速度下,运动轨迹与编程设计轨迹保持一致,如图 6-1-6 所示。

图 6-1-5　ABB Flex Painter IRB 5500 喷涂机器人

2. 喷涂机器人主要术语及喷涂参数

1)喷涂机器人的主要术语

(1)喷涂机器人涂装效率、涂着效率和涂装有效率

涂装效率是喷涂作业效率,包含单位时间的喷涂面积、涂料和喷涂面积的有效利用率。

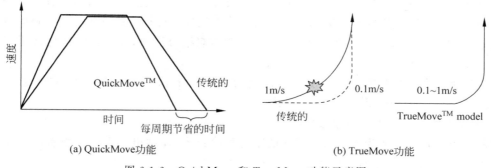

(a) QuickMove功能　　　　　　　　(b) TrueMove功能

图 6-1-6　QuickMove 和 TrueMove 功能示意图

涂着效率是喷涂过程中涂着在被涂物上的涂料量与实际喷出涂料总量之比值,或被涂物面上的实测厚膜与由喷出涂料量计算的涂膜厚度之比,也就是涂料的传输效率(简称TE)或涂料利用率。

涂装有效率是指实际喷涂被涂物的表面积与喷枪运行的覆盖面积之比。为使被涂物的边断部位的涂膜完整,一般喷枪运行的覆盖面积应大于被涂物的面积。

(2)喷涂机器人喷涂轨迹

喷涂机器人喷涂轨迹指在喷涂过程中喷枪运行的顺序和行程,采用喷涂机器人可模仿熟练喷漆工的喷涂轨迹。

(3)喷涂机器人的涂料流率

喷涂机器人涂料流率是单位时间内输给每个旋杯的涂料量,又称喷涂流量、出漆量(率)。除旋杯转速外,涂料流率是第二个影响雾化颗粒细度的因素。当其他参数不变的情况下,涂料流率越低,其雾化颗粒越细,但同时也会导致漆雾中溶剂挥发量增大。

喷涂机器人涂料流率高会形成波纹状的涂膜,同时当涂料流量过大使旋杯过载时,旋杯边缘的涂膜增厚至一定程度,导致旋杯上的沟槽纹路不能使涂料分流,并出现层状漆皮,这会产生气泡或涂料滴大小不均匀的不良现象。

喷涂机器人每支喷枪的最大涂料流率与高速旋杯的口径、转速涂料的密度有关,其上限由雾化的细度和静电涂装的效果决定。实践经验表明,涂料应在恒定的速度下输入,在小范围内的波动不会影响涂膜质量。

喷涂机器人在实际的喷涂过程中每个旋杯所喷涂的区域不同,其涂料的流率等也不相同,另外由于被涂物外形变化的原因,旋杯的涂料流率也要发生变化。以喷涂汽车车身为例,当喷涂门板等大面积时,吐出的涂料量要大,喷涂门立柱、窗立柱时,吐出的涂料量要小,并在喷涂过程中自动、精确地控制吐出的涂料量,这样才能保证涂层质量及涂膜厚度的均一,这也是提高涂料利用率的重要措施之一。

(4)喷涂机器人旋杯转速

喷涂机器人旋杯转速是对高转速旋杯雾化细度影响最大的因素。当其他工艺参数不变时,旋杯的转速越大,涂料滴的直径越小。在稍低速范围内,转速对雾化细度的影响比在高速范围内的影响明显增大。

喷涂机器人旋杯转速会对膜厚有影响。当转速过低会导致涂膜粗糙;喷涂机器人雾化过细会导致漆雾损失(引起过喷),使涂膜厚度有波动;同时当雾化超细时,则对喷漆室内任何气流均十分敏感。旋杯的过高转速除引起过喷外,还会导致透平轴承的过量磨损,增加压缩空气的消耗和降低涂膜所含溶剂量。喷涂机器人最佳的旋杯转速可按所用涂料的流率特性而定,因而对于表面张力大的水性涂料、高黏度的双组分涂料,其旋杯转速比普通溶剂型涂料的要高。

喷涂机器人一般情况下,空载旋杯转速为 6×10^4 r/min,负载时设定的转速范围为 $(1.0\sim4.2)\times10^4$ r/min 误差±500r/min。

2) 喷涂机器人的主要喷涂参数

静电喷涂技术已成为当今汽车工业的主流喷涂技术,而静电自动喷涂设备的应用更使汽车中、面涂涂装进入了自动化时代。

(1) 喷涂流量

静电喷涂机器人的流量是单位时间传输给旋杯的涂料量,又称为吐出量。流量的大小影响漆膜的厚度。不同颜色的涂料遮盖能力不同,施工膜厚也不同。喷涂过程中,每台机器人担当的喷涂区域不同,设置的流量也不同。同时流量也和被喷涂物的形状有关,对于汽车而言,规则的五门一盖型面一般流量较大,而立柱、棱线、转角流量较小。

(2) 成型空气

气体从旋杯后侧均匀分布的小孔中喷出,用于限制漆雾的幅度(扇幅),并把雾化的漆雾推向被涂物,防止漆雾扩散和反弹污染旋杯和雾化器。对于金属漆而言,喷幅影响最终的颜色效果,喷幅不合适很容易出现斑马纹或者发花。喷幅的设置和两枪的间距有关,油漆的叠加次数为 3 次。如两枪间距 100mm,喷幅最好控制为 300mm,这样同一点油漆可以叠加3 次。

(3) 旋杯转速

旋杯转速是油漆雾化的关键参数,旋杯高速旋转时产生的离心力使油漆雾化得很细(50~100μm)。漆滴直径越小,漆膜的平滑度越好,橘皮效应越小,光泽也越高。转速的设定也和油漆的类别有关,色漆的转速相对小些,中涂漆、清漆的转速相对高些。转速和流量也是相关的,流量大,转速也要增加,以达到较好的雾化效果,但是转速过高,喷涂到被涂物上油漆就较干,会导致橘皮问题。

(4) 高压

静电喷涂中,被涂物为正极,旋杯为负极,在两极之间施加高电压后产生强电吸引力,使雾化后的漆雾颗粒传输到被涂物表面。高电压的大小影响静电喷涂的静电效应、上漆率、漆膜的均匀性。

流量、转速、成型空气和高压直接影响成膜质量,同时也会影响油漆的利用率。在生产中要结合油漆的特性和雾化器参数进行调整,四合参数要综合考虑,不断优化,才能达到理想的喷涂效果。

6.2　认识喷涂工作站

喷涂工作站的组成

6.2.1　喷涂工作站简介

1. 喷涂工作站简介

机器人喷涂工作站充分利用了机器人的灵活、稳定、高效的特点,适用于生产量大、产品型号多、表面形状不规则的工件外表面的喷涂,广泛应用于汽车、汽车零配件、铁路、家电、建材、机械等行业。

2. 喷涂机器人的周边设备

常见的涂装机器人辅助装置有机器人行走单元、工件传送(旋转)单元、空气过滤系统、输调漆系统、喷枪清理装置、喷漆生产线控制盘等。

1) 机器人行走单元与工件传送(旋转)单元

机器人行走单元与工件传送(旋转)单元主要包括完成工件的传送及旋转动作的伺服转台、伺服穿梭机及输送系统,以及完成机器人上、下、左、右滑移的行走单元,但是喷涂机器人所配备的行走单元与工件传送和旋转单元的防爆性能有着较高的要求。一般配备行走单元和工件传送与旋转单元的喷涂机器人生产线及柔性喷涂单元的工作方式有三种:动/静模式、流动模式及跟踪模式。

(1) 动/静模式

在动/静模式下,工件先由伺服穿梭机或输送系统传送到喷涂室中,由伺服转台完成工件旋转,之后由喷涂机器人单体或者配备行走单元的机器人对其完成喷涂作业。在喷涂过程中工件可以静止地做独立运动,也可以与机器人做协调运动,如图 6-2-1 所示。

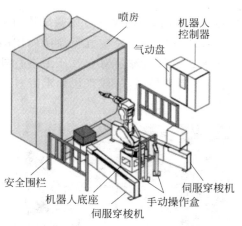

(a) 配备伺服穿梭机的涂装单元

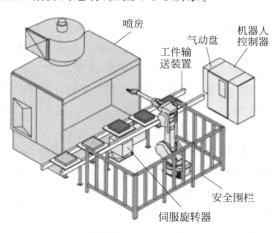

(b) 配备输送系统的涂装单元

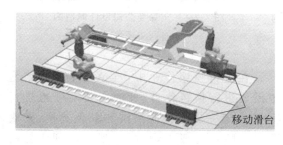

(c) 配备行走单元的涂装单元

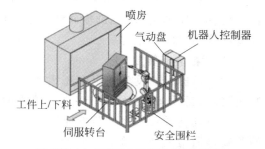

(d) 机器人与伺服转台协调运动的涂装单元

图 6-2-1 动/静模式下的喷涂单元

(2) 流动模式

在流动模式下,工件由输送链承载,匀速通过喷涂室,由固定不动的涂装机器人对工件完成喷涂作业,如图 6-2-2 所示。

（3）跟踪模式

在跟踪模式下,工件由输送链承载,匀速通过喷涂室。机器人不仅要跟踪随输送链运动的喷涂物,而且要根据喷涂面而改变喷枪的方向和返回角度,如图 6-2-3 所示。

图 6-2-2　流动模式下的涂装单元

图 6-2-3　跟踪模式下的涂装机器人生产线

2）空气过滤系统

在涂装作业过程中,当大于或等于 $10\mu m$ 的粉尘混入漆层时,用肉眼就可以明显看到由粉尘造成的瑕点。为了保证喷涂作业的表面质量,喷涂线所处的环境及空气喷涂所使用的压缩空气应尽可能保持清洁,这是由空气过滤系统使用大量空气过滤器对空气质量进行处理以及保持喷涂车间正压来实现的。喷房内的空气纯净度要求最高,一般来说要求经过三道过滤。

3）输调漆系统

喷涂机器人生产线一般由多个喷涂机器人单元协同作业,这时需要有稳定、可靠的涂料及溶剂的供应,而输调漆系统则是保证这一问题的重要装置。一般来说,输调漆系统包括油漆和溶剂混合的调漆系统、为喷涂机器人提供油漆和溶剂的输送系统、液压泵系统、油漆温度控制系统、溶剂回收系统、辅助输调漆设备及输调漆管网等,如图 6-2-4 所示。

图 6-2-4　艾森曼公司设计制造的
输调漆系统

4）喷枪清理装置

喷涂机器人的设备利用率高达 90%～95%,在进行喷涂作业中,难免发生污物堵塞喷枪气路,另外,在对不同工件进行喷涂时,也需要进行换色作业,此时需要对喷枪进行清理。自动化的喷枪清洗装置能够快速、干净、安全地完成喷枪的清洗和颜色更换,彻底清除喷枪通道内及喷枪上飞溅的涂料残渣,同时对喷枪完成干燥,减少喷枪清理所耗用的时间、溶剂及空气,如图 6-2-5 所示。喷枪清洗装置在对喷枪清理时,一般经过四个步骤:空气自动冲洗、自动清洗、自动溶剂冲洗、自动通风排气,其编程需要 5～7 个程序点,见表 6-2-1。

图 6-2-5　Uni-ram UG6000 自动喷枪清理机

表 6-2-1　喷枪动作程序点说明

程序点	说　明	程序点	说　明
程序点 1	移向清枪位置	程序点 4	喷枪抬起
程序点 2	清枪前一点	程序点 5	移出清枪位置
程序点 3	清枪位置		

5）喷涂生产线控制盘

对于采用两套或者两套以上喷涂机器人单元同时工作的喷涂作业系统，一般需配置生产线控制盘对生产线进行监控和管理。如图 6-2-6 所示为川崎公司的 KOSMOS 喷涂生产线控制盘界面，其功能如下所述。

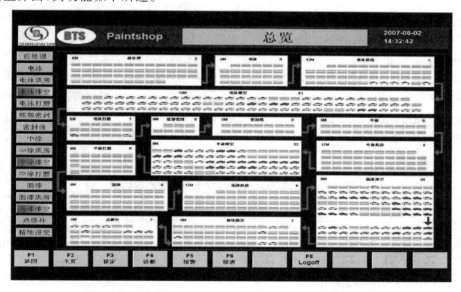

图 6-2-6　川崎公司的 KOSMOS 喷涂生产线控制盘界面

（1）生产线监控功能。通过管理界面可以监控整个喷涂作业系统的状态,例如工件类型、颜色、喷涂机器人和周边装置的操作、喷涂条件、系统故障信息等。

（2）可以方便设置和更改涂装条件和涂料单元的控制盘,即对涂料流量、雾化气压、喷幅(调扇幅)气压、静电电压进行设置,并可设置颜色切换的时序图、喷枪清洗及各类工件类型和颜色的程序编号。

（3）可以管理统计生产线各类生产数据,包括产量统计、故障统计、涂料消耗率等。

3. 喷涂机器人的工位布局

喷涂机器人具有喷涂质量稳定,涂料利用率高,可以连续大批量生产等优点,喷涂机器人工作站或生产线的布局是否合理直接影响到企业的产能及能源和原料利用率。喷涂生产线在构型上一般有两种,即线型布局和并行盒子布局,如图 6-2-7 所示。

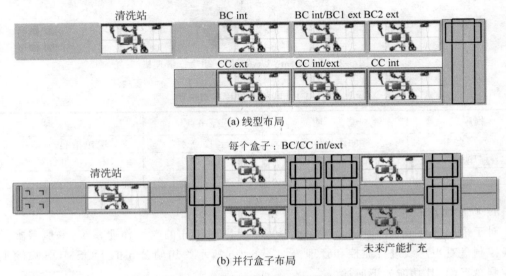

(a) 线型布局

(b) 并行盒子布局

图 6-2-7　喷涂机器人生产线的布局

图 6-2-7(a)所示的采取线型布局的喷涂生产线在进行喷涂作业时,产品依次通过各工作站完成清洗、中涂、底漆,清漆和烘干等工序,负责不同工序的各工作站间采用停走运行方式。对于图 6-2-7(b)所示的并行盒子布局,在进行喷涂作业时,产品进入清洗站完成清洗作业,接着为其外表面进行中涂,之后被分送到不同的盒子中完成内部和表面的底漆和清漆喷涂,不同盒子间可同时以不同周期时间运行,并且若日后如需扩充生产能力,可以轻易地整合新的盒子到现有的生产线中。对于线型布局和并行盒子布局的生产线,其特点与适用范围对比见表 6-2-2。

表 6-2-2　线型布局与并行盒子布局生产线比较

比 较 项 目	线型布局生产线	并行盒子布局生产线
涂装产品范围	单一	满足多产品要求
对生产节拍变化的适应性	要求尽可能稳定	可适应不同的生产节拍
同等生产力的系统长度	长	远远短于线型布局
同等生产力需要的机器人数量	多	较少

续表

比 较 项 目	线型布局生产线	并行盒子布局生产线
设计建造难易程度	简单	相对较为复杂
生产线运行能耗	高	低
作业期间换色时涂料的损失量	多	较少
未来生产能力扩充难易	较为困难	灵活简单

综上所述,在喷涂生产线的设计过程中,不仅要考虑产品范围以及额定生产能力,还需要考虑所需涂装产品的类型、各产品的生产批量及喷涂工作量等因素。对于产品单一、生产节拍稳定、生产工艺中有特殊工序的,可采取线性布局。当产品类型及尺寸、工艺流程、产品批量不同时,灵活的并行盒子布局生产线则是比较合适的选择。同时采取并行盒子布局不仅可以减少投资,而且可以降低后续运行成本,但在建造并行盒子布局的生产线时,需要额外承担产品处理方式及中转区域设备等的投资。

6.2.2 喷涂工作站的工作任务

1. 工作任务

钢制箱体表面喷涂作业如图 6-2-8 所示。喷枪为高转速旋杯式自动静电涂装机,配合换色阀及涂料混合器完成旋杯打开、关闭进行喷涂作业。

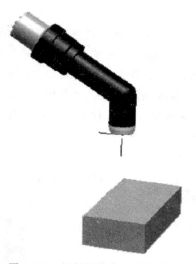

图 6-2-8　钢制箱体表面喷涂作业

2. 喷涂要求

为达到工件涂层的质量要求,必须保证以下项目。

(1) 旋杯的轴线始终要在工件涂装工作面的法线方向。

(2) 旋杯端面到工件涂装工作面的距离要保持稳定,一般保持在 0.2m 左右。

(3) 旋杯涂装轨迹要部分相互重叠(一般搭接宽度为 2/3～3/4 时较为理想),并保持适当的间距。

(4) 涂装机器人应能迎上和跟踪工件传送装置上工件的运动。

（5）在进行示教编程时，若前臂及手腕有外露的管线，应避免与工件发生干涉。

6.2.3 喷涂工作站的组成

典型的喷涂机器人工作站主要由喷涂机器人、机器人控制系统、供漆系统、自动喷枪/旋杯、喷房、防爆吹扫系统等组成，如图 6-2-9 所示。

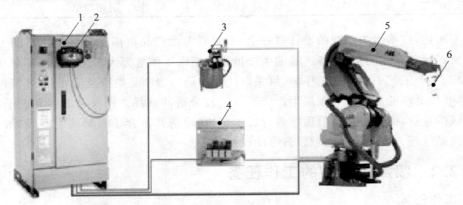

图 6-2-9 喷涂机器人系统组成

1—机器人控制柜；2—示教器；3—供漆系统；4—防爆吹扫系统；5—喷涂机器人；6—自动喷枪/旋杯

1. 喷涂机器人

喷涂机器人与普通工业机器人相比，操作机在结构方面的差别除了球型手腕与非球型手腕外，主要是防爆、油漆及空气管路和喷枪的布置导致的差异，其特点如下。

（1）一般手臂工作范围宽大，进行涂装作业时可以灵活避障。

（2）手腕一般有 2～3 个自由度，轻巧快速，适合内部、狭窄的空间及复杂工件的涂装。

（3）较先进的涂装机器人采用中空手臂和柔性中空手腕，如图 6-2-10 所示。采用中空手臂和柔性中空手腕使得软管、线缆可内置，从而避免软管与工件间发生干涉、减少管道黏着薄雾、飞沫，最大限度降低灰尘粘到工件的可能性，缩短生产节拍。

（4）一般在水平手臂搭载喷漆工艺系统，从而缩短清洗、换色时间，提高生产效率，节约涂料及清洗液，如图 6-2-11 所示。

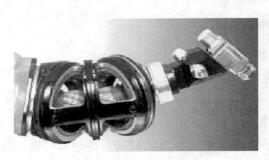

图 6-2-10 柔性中空手腕

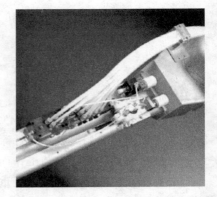

图 6-2-11 集成于手臂上的涂装工艺系统

2. 机器人控制系统

喷涂机器人控制系统主要完成本体和涂装工艺控制。本体的控制在控制原理、功能及组成上与通用工业机器人基本相同；喷涂工艺的控制则是对供漆系统的控制，对供漆系统的控制，即负责对涂料单元控制盘、喷枪/旋杯单元进行控制，发出喷枪/旋杯开关指令，自动控制和调整喷涂的参数（如流量、雾化气压、喷幅气压以及静电电压）、控制换色阀及涂料混合器完成清洗、换色、混色作业。如图 6-2-12 所示为 IRC 5P 控制柜及示教器。

3. 供漆系统

供漆系统主要由涂料单元控制盘、气源、流量调节器、齿轮泵、涂料混合器、换色阀、供漆供气管路及监控管线组成。涂料单元控制盘简称气动盘，它接收机器人控制系统发出的涂装工艺控制指令，精准控制调节器、齿轮泵、喷枪/旋杯完成流量、空气雾化和空气成型

图 6-2-12　IRC 5P 控制柜及示教器

的调整；同时控制涂料混合器、换色阀等以实现自动化的颜色切换和指定的自动清洗等功能，实现高质量和高效率的喷涂。

4. 自动喷枪/旋杯

对于喷涂机器人，根据所采用的喷涂工艺不同，机器人"手持"的喷枪及配备的喷涂系统也存在差异。喷涂工艺包括空气涂装、高压无气喷涂和静电喷涂。

1）空气喷涂

所谓空气喷涂，就是利用压缩空气的气流，流过喷枪喷嘴孔形成负压，在负压的作用下涂料从吸管吸入，经过喷嘴喷出，通过压缩空气对涂料进行吹散，以达到均匀雾化的效果。空气涂装一般用于家具、3C 产品外壳，汽车等产品的涂装。如图 6-2-13 所示是较为常见的自动空气喷枪。

(a) 日本明治FA100H-P　　　(b) 美国DEVILBISS T-AGHV　　　(c) 德国PILOT WA500

图 6-2-13　自动空气喷枪

2）高压无气喷涂

高压无气喷涂是一种较先进的喷涂方法，其采用增压泵将涂料增压至 6～30MPa，再通

过很细的喷孔喷出，使涂料形成扇形雾状，具有较高的涂料传递效率和生产效率，表面质量明显优于空气喷涂。

3）静电涂装

静电涂装一般是以接地的被涂物为阳极，接电源负高压的涂料雾化结构为阴极，使得涂料雾化颗粒上带电荷，通过静电作用，吸附在工件表面。常应用于金属表面或导电性良好且结构复杂，或是球面、圆柱体的涂装，其中高速旋杯式静电喷枪已成为应用最广的工业涂装设备，如图 6-2-14 所示。它在工作时利用旋杯的高速（一般为 30000～60000r/min）旋转运动产生离心作用，将涂料在旋杯内表面伸展成为薄膜，并通过巨大的加速度使其向旋杯边缘运动，在离心力及强电场的双重作用下，涂料破碎为极细的且带电的雾滴，向极性相反的被涂工件运动，沉积于被涂工件表面，形成均匀、平整、光滑、丰满的涂膜，其工作原理如图 6-2-15 所示。

(a) ABB溶剂性涂料高速旋杯式静电喷枪　　　(b) ABB 水性涂料高速旋杯式静电喷枪

图 6-2-14　高速旋杯式静电喷枪

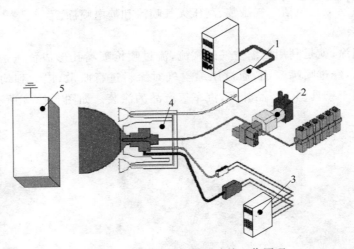

图 6-2-15　高速旋杯式静电喷枪工作原理

1—供气系统；2—供漆系统；3—高压静电发生系统；4—旋杯；5—工件

5．喷房

在进行喷涂作业时，为了获得高质量的涂膜，除对机器人动作的柔性和精度、供漆系统及自动喷枪/旋杯的精准控制有所要求外，对喷涂环境的最佳状态也有一定要求，如无尘、恒温、恒湿、工作环境内恒定的供风及对有害挥发性有机物含量的控制等，喷房由此应运而生。

一般来说,喷房由喷涂作业的工作室、收集有害挥发性有机物的废气舱、排气扇以及可将废气排放到建筑外的排气管等组成。

6. 防爆吹扫系统

喷涂机器人多在封闭的喷房内喷涂工件的内、外表面,由于喷涂的薄雾易燃易爆,如果机器人的某个部件产生火花或温度过高,就会引起大火甚至爆炸,所以防爆吹扫系统对于喷涂机器人是极其重要的一部分。防爆吹扫系统主要由危险区域之外的吹扫单元、操作机内部的吹扫传感器、控制柜内的吹扫控制单元三部分组成。其防爆工作原理如图 6-2-16 所示,吹扫单元通过柔性软管向包含有电气元件的操作机内部施加压力,阻止爆燃性气体进入操作机里面;同时由吹扫控制单元监视操作机内压、喷房气压,当异常状况发生时,立即切断操作机伺服电源。

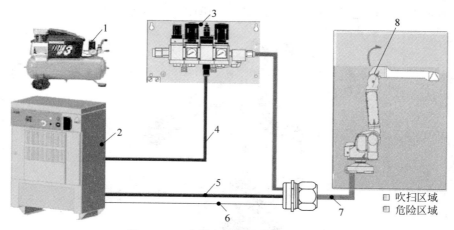

图 6-2-16　防爆吹扫系统防爆工作原理
1—空气接口;2—控制柜;3—吹扫单元;4—吹扫单元控制电缆;
5—操作机控制电缆;6—吹扫传感器控制电缆;7—软管;8—吹扫传感器

6.2.4　喷涂工作站的工作过程

1. 系统启动

(1) 机器人控制柜主电源开关合闸,等待机器人启动完毕。

(2) 打开防爆吹扫系统设备电源。

(3) 在"示教模式"下选择机器人喷涂程序,然后将模式开关转至"远程模式"。

(4) 若系统没有报警,启动完毕。

2. 生产准备

(1) 选择要喷涂的产品。

(2) 将产品安装在喷涂台上。

3. 开始生产

按下"启动"按钮,机器人开始按照预先编制的程序与设置的喷涂参数进行喷涂作业。当机器人喷涂完毕回到作业原点后,更换产品,开始下一个循环。

6.3 喷涂工作站的设计

6.3.1 喷涂工作站硬件系统

1. 喷涂机器人的选型

1) ABB Flex Painter IRB 5500 喷涂机器人

ABB Flex Painter IRB 5500 喷涂机器人是为汽车外表面全方位喷涂而专门设计的一款喷涂机器人产品，得到了广大汽车制造企业的好评。IRB 5500 集喷涂设备于一体，旨在打造更佳的涂装品质。该机器人工作范围大、加速性能优异、喷涂速度快，基本适合于任何应用的柔性高效解决方案。如图 6-3-1 所示为 ABB Flex Painter IRB 5500 喷涂机器人，如图 6-3-2 所示为其工作范围。ABB Flex Painter IRB 5500 的参数见表 6-3-1。

图 6-3-1　ABB Flex Painter IRB 5500 喷涂机器人

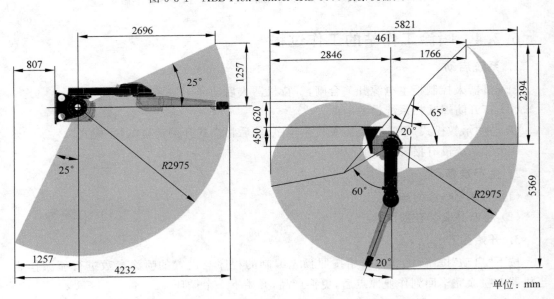

单位：mm

图 6-3-2　ABB Flex Painter IRB 5500 工作范围

表 6-3-1 ABB Flex Painter IRB 5500 参数

安装方式	挂壁、落地、斜置、倒置、洁净壁挂导轨	
自由度	6	
负载/kg	13	
防护等级	IP67（手腕为 IP54）	
电源电压	200～600V AC，3 相，50/60Hz	
机器人占地面积/mm²	500×680	
最大速度/(°/s)	轴 1	100
	轴 2	100
	轴 3	100
	轴 4 手腕	465
	轴 5 弯曲	350
	轴 6 翻转	535
本体重量/kg	600	
重复定位精度/mm	0.15	

2）ABB Flex Painter IRB 5500 机器人的特点

（1）创新的外表面喷涂方案

壁装式 Flex Painter IRB 5500 机器人采用独有的设计与结构，其工作范围之大、运行动作之灵活，令其他任何车身外表面喷涂机器人望尘莫及。

（2）效率倍增

Flex Painter IRB 5500 机器人拥有加速度高、喷涂速度快、工作范围大、配置独特等诸多优势。只需两台 Flex Painter IRB 5500 机器人即可胜任通常需要 4 台机器人才能完成的喷涂任务。对厂家而言，该机器人不仅可降低初期投资和长期运营成本，还能缩短安装时间，延长正常运行时间，提高生产可靠性，可谓一举多得。

（3）独具特色的设计理念

Flex Painter IRB 5500 机器人采用独具特色的设计理念，其手臂可平行于纵向和横向车身表面自如地移动，喷涂一次成功，无须重叠拼接。厂家在提高涂装品质的同时，还降低了涂料的耗用量。

（4）高流量喷涂

Flex Painter IRB 5500 机器人专门配套 ABB 高效的 FlexBell 弹匣式旋杯系统（CBS），换色过程中的涂料损耗接近于零，是小批量喷涂和多色喷涂的最佳解决方案。Flex Painter IRB 5500 机器人出色的速度和加速度能力，结合 ABB 高流量的 Atomizer 喷涂装置，造就了一套无与伦比的高性能喷涂系统。

（5）基于 IPS 技术

ABB 独有的集成过程系统（IPS）技术实现了高速度和高精度的闭环过程控制，最大限度消除了过喷现象，显著提高了涂装品质。

（6）超长的正常运行时间

Flex Painter IRB 5500 机器人按 100% 正常运行而设计。操作车间级用户可轻松访问所有工艺设备。ShopFloor Editor 等功能强大的软件工具在无须中断生产的前提下,进一步简化了编程操作和工艺调整步骤。

3) FlexBell 弹匣式旋杯系统

针对小批量涂装和多色涂装,ABB 推出了 FlexBell 弹匣式旋杯系统(CBS),针对小批量涂装和多色涂装。该系统可对直接施于水性涂料的高压电提供有效绝缘;同时确保每只弹匣精确填充必要用量的涂料,从而将换色过程中的涂料损耗降低到近乎为零。如图 6-3-3 所示为 ABB FlexBell 弹匣式旋杯系统。

图 6-3-3　ABB FlexBell 弹匣式旋杯系统

4) EcoBell3 旋杯式静电喷枪

对于汽车车身外面的喷涂,目前采用的最先进的涂装工艺为旋杯静电喷涂,但当车身内表面采用旋杯静电喷涂工艺时却提出了新的要求,即旋杯式静电喷枪要结构紧凑,以保证对内表面边角部位进行喷涂,同时喷枪形成的喷幅宽度要具有软大的调整范围。针对这一课题,松尔公司开发出了 EcoBell3 旋杯式静电喷枪。EcoBell3 喷枪在工作时,雾化器在旋杯周围形成两种相互独立的成形空气,能非常灵活地调整漆雾扇面的宽度,同时利用外加电方案将喷枪尺寸进一步缩小。EcoBell3 喷枪不仅结构更加简单,而且效率超过了普通的旋杯式静电喷枪,也明显减少了涂料换色的损失,更重要的是,可以配合并行盒子生产线灵活地改变生产能力。如图 6-3-4 所示为 EcoBell3 喷枪用于保险杠的喷涂,充分体现出其工作的灵活性。

  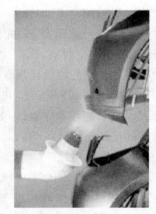

(a) 宽的漆雾喷涂大面积表面　　(b) 窄柱状漆雾喷涂细小表面　　(c) 在狭窄空间内工作

图 6-3-4　EcoBell3 旋杯式静电喷枪用于保险杠的喷涂

2. 喷涂机器人控制系统

1) ABB IRC 5P 控制柜

ABB IRC 5P 控制柜是为喷涂车间量身设计的现代控制系统。该系统配备集成工艺系统(IPS)、经防爆认证的用户友好型 FlexPaint 示教器和 RobView 5,融合了喷涂设备的标准化功能,可满足特定需求。此系统包括定义用户界面、程序编辑、版本控制及更多功能的标准应用。RobView 5 也可以作为 ABB FlexUI 等更大工作室控制 HMI 中的一个部件。ABB IRC 5P 控制柜及示教器如图 6-3-5 所示。ABB IRC 5P 控制柜技术参数见表 6-3-2。

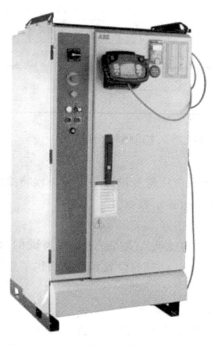

图 6-3-5　ABB IRC 5P 控制柜及示教器

表 6-3-2　ABB IRC 5P 控制柜技术参数

总体	空气噪声水平		$<70\text{dB(A)Leq}$
	防护等级		IP54
	颜色规格		灰色,RAL7035
	重量		180～200kg(视所购选件而定)
	相对湿度		最高 95%(无冷凝)
	环境温度	运行	0～45℃(建议最高 30℃)
		储藏/运输	−25～+55℃
	控制硬件		基于 PCI 总线的多处理器系统
	控制软件		RobotWare Paint(含 RAPID 编程语言,Powered by IPS)
电气性能	主电源		三相交流 200～600V(+10%,−15%)
	电源熔断器		最高 16A
	电源频率		48.5～61.8Hz
	功耗	待机	$<300\text{W}$
		生产	<700～1500W(平均)
	备用电池		1000h(绝对测量)
	电气安全性		符合相关国际标准
物理性能	尺寸(宽×深×高)		700mm×640mm×1450mm

	数字输入/输出	512/512,可扩展
	模拟输入/输出	16/12,可扩展
	Fieldbus 支持	Interbus-S 64/64；Allen Bradley RIO 128/128；ProfiBus DP 128/128；CC Link；DeviceNet
机器接口	网络	以太网 FTP/NFS
	串行通道	RS-232、RS-422、RS-485
	备用接口	USB 接口
	主存储器	CF 卡

2）ABB IRC 5P 喷涂工业机器人控制器的特点

（1）高品质涂装的捷径

IRC 5P 是 ABB 为喷涂车间应用量身设计的最新一代喷涂机器人控制柜系统。该系统配备新式防爆型 FlexPaint Pendant 示教器。

（2）安装调试简单快捷

IRC 5P 喷涂机器人控制系统大幅缩短了安装调试的时间。IRC 5P 系统为 IPS、RobotWare Paint、RobViewand PLC 等的设置和配置提供了更快捷的途径。系统对喷涂车间的应用配置具有自适应能力。

（3）超常的正常运行时间

ABB IRC 5P 喷涂机器人控制系统提供自动启动诊断、过程深入诊断、故障日志快速筛选等功能，显著加快故障的跟踪与诊断。

（4）集成式喷涂机器人控制系统

ABB IRC 5P 喷涂机器人控制系统配备新式防爆型 FlexPaint Pendant 示教器和新版喷涂工作站监视系统 RobView 5。

FlexPaint Pendant 示教器配有直观友好的喷涂用户界面，与喷涂工艺无缝集成，可用于喷涂工艺设备的试验与校准，机器人点动和编程及喷涂程序的测试。

RobView 5 可管理装备一台或多台机器人的喷涂系统，实现了喷涂过程的全方位显示，还可用于喷涂机器人工作站的操作与监控。

（5）融合 IPS 技术

ABB IRC 5P 集 ABB 高速工艺控制系统 IPS 及尖端运动技术于一体，可实现喷涂过程的全面控制，还能缩短周期时间，降低涂料消耗，减少对环境的不利影响。

3）ABB IRC 5P 喷涂机器人工艺系统

喷涂机器人所用工艺系统包括以下控制系统。

（1）提供并调节雾化器（喷枪或旋杯喷涂机）所需压缩空气的空气控制系统。

（2）调节雾化器所用涂料的涂料控制系统。

（3）调节静电雾化器所载高压的高压控制系统。

集成工艺系统 IPS 可实现精确的雾化装置闭环调节与高速控制，并实现与机器人动作的精准同步。如图 6-3-6 所示为 ABB 喷涂机器人工艺系统。

（1）空气控制

Atom 雾化空气：雾化空气用来雾化或气化涂料（该空气在旋杯雾化器里，控制旋杯转速），雾化空气由 IPS 控制调节激活。

Shape 整形（喷幅）空气：整形空气决定了喷涂喷幅的形状或大小。旋杯的整形空气供应由 IPS 系统的 I/P 变流器/增压器进行调节。添加流量传感器可创建闭环调节。如图 6-3-7 所示为空气控制工艺图。

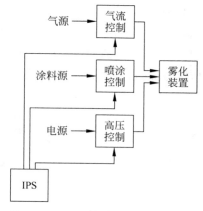

图 6-3-6　ABB 喷涂机器人工艺系统

如图 6-3-8 所示为空气控制的气动部件 PPRU 比例压力调节器、空气流量传感器和开关控制阀。

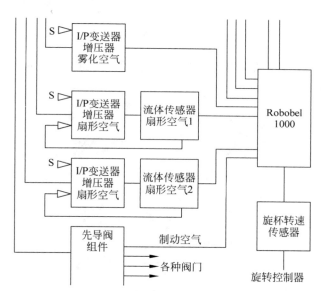

图 6-3-7　空气控制工艺图

(a) PPRU比例压力调节器　　(b) 空气流量传感器　　(c) 开关控制阀

图 6-3-8　空气控制的气动部件

（2）涂料控制

如图 6-3-9 所示为涂料控制的工艺图。换色阀（CCV）一次仅可提供一种颜色；齿轮泵（FGP）控制雾化器的涂料供应；压力调节阀（PCV）控制、稳定流入齿轮泵的涂料压力。清洗时，压力提高，开度加大，使清洗溶剂流量加大。

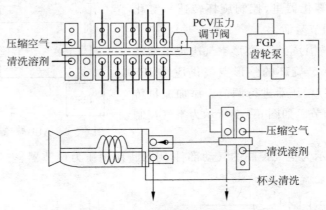

图 6-3-9　涂料控制的工艺图

如图 6-3-10 所示为涂料流体部件换色阀、混合器、压力控制阀、齿轮泵。

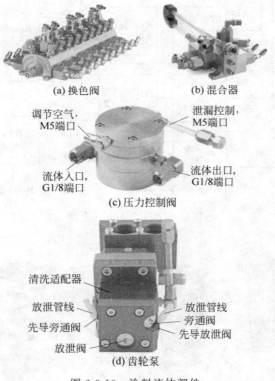

（a）换色阀　　　　（b）混合器

（c）压力控制阀

（d）齿轮泵

图 6-3-10　涂料流体部件

（3）高压控制

如图 6-3-11 所示为高压控制简化工艺图。高压控制系统是 IPS 系统的组成部分。为静电雾化器施加静电高压。Robobel 是一种带内部充电功能的静电雾化器。高压级联装置内置于雾化器内。G1 Copes Bell 或 RB1000-EXT 是一种带外部充电功能的静电雾化器,高压级联装置是独立单元。

图 6-3-11　高压控制简化工艺图

高压控制器模块 HVC-01 是高压系统的一部分,如图 6-3-12 所示。HVC-01 模块驱动一个级联回路为机器人集成工艺系统(IPS)产生静电高压。高压电平在 IPS 配置文件中设置。

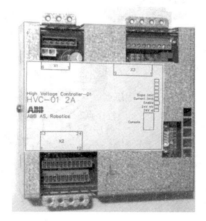

图 6-3-12　高压控制器模块 HVC-01

6.3.2　喷涂工作站软件系统

1. TCP 点的确定

对于喷涂机器人而言,其 TCP 一般设置在喷枪的末端中心,且在喷涂作业中,高速旋杯的端面要相对于工件喷涂工作面走蛇形轨迹并保持一定的距离。如图 6-3-13 所示为喷涂机器人 TCP 和喷枪作业姿态。

2. 喷涂机器人作业示教流程

喷涂机器人运动轨迹示意图如图 6-3-14 所示,由 8 个程序点构成。其作业示教流程如图 6-3-15 所示。

1)示教前的准备

（1）工件表面清理。

（2）工件装夹。

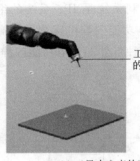

(a) 工具中心点的确定

(b) 喷枪作业姿态

图 6-3-13　喷涂机器人 TCP 和喷枪作业姿态

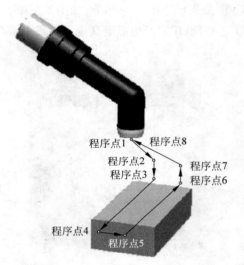

图 6-3-14　喷涂机器人运动轨迹示意图

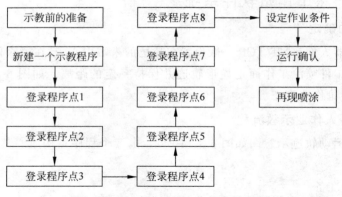

图 6-3-15　喷涂机器人作业示教流程

（3）安全确认。

（4）机器人原点确认。

2）新建作业程序

点按示教器的相关菜单或按钮，新建一个作业程序 Paint_sheet。

3）程序点输入

程序点输入如表 6-3-3 所示。

表 6-3-3　喷涂作业示教

程　序　点	示　教　方　法
程序点 1（机器人原点）	（1）按手动操纵机器人要领移动机器人到原点； （2）将程序点插补方式选为 PTP； （3）确认保存程序点 1 为机器人原点
程序点 2（喷涂作业临近点）	（1）手动操纵机器人移动到作业临近点，调整喷枪姿态； （2）将程序点插补方式选为 PTP； （3）确认保存程序点 2 为作业临近点
程序点 3（喷涂作业开始点）	（1）保持喷枪姿态不变，手动操纵机器人移动到涂装作业开始点； （2）将程序点插补方式选为"直线插补"； （3）确认保存程序点 3 为作业开始点； （4）如有需要，手动插入喷涂作业开始命令
程序点 4、5（喷涂作业中间点）	（1）保持喷枪姿态不变，手动操纵机器人依次移动到各涂装作业中间点； （2）将程序点插补方式选为"直线插补"； （3）确认保存程序点 4、5 为作业中间点
程序点 6（喷涂作业结束点）	（1）保持喷枪姿态不变，手动操纵机器人移动到涂装作业结束点； （2）将程序点插补方式选为"直线插补"； （3）确认保存程序点 6 为作业结束点； （4）如有需要，手动插入涂装作业结束命令
程序点 7（喷涂作业规避点）	（1）手动操纵机器人移动到作业临近点； （2）将程序点插补方式选为 PTP； （3）确认保存程序点 7 为作业规避点
程序点 8（机器人原点）	（1）手动操纵机器人移动机器人到原点； （2）将程序点插补方式选为 PTP； （3）确认保存程序点 8 为机器人原点

4）设定作业条件

喷涂作业条件的登录主要涉及：设定喷涂条件（文件）；喷涂次序指令的添加。

（1）设定喷涂条件

涂装条件的设定主要包括喷涂流量、雾化气压、喷幅（调扇幅）气压、静电电压以及颜色设置表等。喷涂条件设定参考值见表 6-3-4。

表 6-3-4　喷涂条件设定参考值

工艺条件	搭接 宽度	喷幅 /mm	枪速 /(mm/s)	吐出量 /(mL/min)	旋杯 /(kr/min)	U 静电 /kV	空气压力 /MPa
参考值	2/3～3/4	300～400	600～800	0～500	20～40	60～90	0.15

（2）添加喷涂次序

在喷涂开始、结束点（或各路径的开始、结束点）手动添加喷涂次序指令，控制喷枪的开关。

5）检查试运行

（1）打开要测试的程序文件。

（2）移动光标到程序开头。

（3）持续按住示教器上的相关跟踪功能键，实现机器人的单步或连续运转。

6）再现涂装

（1）打开要再现的作业程序，并移动光标到程序开头。

（2）切换"模式转换"至"再现/自动"状态。

（3）按示教器上的"伺服 ON"按钮，接通伺服电源。

（4）按"启动"按钮，机器人开始再现涂装。

6.4　参数配置

不同品牌的工业机器人，其参数设置是不同的，现以 ABB 为例来介绍。

在此工作站中，配置 1 个 DSQC652 通信板卡（数字量 16 进 16 出），需要在 Unit 中设置此 I/O 单元的相关参数，配置见表 6-4-1 和表 6-4-2。

表 6-4-1　Unit 单元参数

名　称	板卡类型	连接总线	地址
Board10	D652	Device Netl	10

表 6-4-2　I/O 信号参数（1）

信号名称	输入/输出信号类型	分配输入/输出板	端口
DO Glue	Digital Output	Board10	0
DI Glue Start	Digital Input	Board10	0

在此工作站中，需要配置 1 个数字输出信号 DO Glue，用于控制涂胶枪动作；1 个数字输入信号 DI Glue start，用于涂胶启动信号。

虚拟示教器打开以后，首先将界面语言改选为中文，然后依次单击"ABB 菜单"→"控制面板"→"配置"，进入"I/O 主题"，配置 I/O 信号。

在此工作站中，配置 1 个 DSQC652 通信板卡（数字量 16 进 16 出），则需要在 unit 中设置此 I/O 单元的相关参数，配置见表 6-4-1 和表 6-4-3。

表 6-4-3　I/O 信号参数（2）

信　号　名　称	输入/输出信号类型	分配输入/输出板	端口
DO Glue	Digital Output	Board10	0
DI Glue Start A	Digital Input	Board10	0
DI Glue Start B	Digital Input	Board10	1

习　题

一、填空题

典型的喷涂机器人工作站主要由_____、_____、供漆系统、自动喷枪/旋杯、喷房、防爆吹扫系统等组成。

二、简答题

简述喷涂工作站的工作过程。

第7章

工业机器人上下料与自动生产线工作站系统集成

知识目标

1. 熟悉工业机器人上下料与自动生产线工作站组成。

2. 掌握工业机器人上下料与自动生产线工作站的工作过程。

能力目标

1. 能根据任务要求,合理选用工业机器人。

2. 能根据任务要求,完成工业机器人上下料与自动生产线工作站的设计。

3. 能完成工业机器人上下料与自动生产线工作站的参数配置。

素质目标

树立爱岗敬业的精神和终生学习的习惯。

自动生产线是由工件传送系统和控制系统将一组自动机床和辅助设备按照工艺顺序联结起来,自动完成产品全部或部分制造过程的生产系统,简称自动线。

自动生产线在无人干预的情况下按规定的程序或指令自动进行操作或控制,其目标是"稳、准、快"。采用自动生产线不仅可以把人从繁重的体力劳动、部分脑力劳动以及恶劣、危险的工作环境中解放出来,而且能扩展人的器官功能,极大地提高劳动生产率,增强人类认识世界和改造世界的能力。

在机床切削加工中,过程自动化不仅与机床本身有关,而且与连接机床的前后生产装置有关。工业机器人能够适合所有的操作工序,能完成诸如传送、质量检验、剔除有缺陷的工件、机床上下料、更换刀具、加工操作、工件装配和堆垛等任务。

7.1 上下料工业机器人

认识上下料
工业机器人

7.1.1 上下料工业机器人简介

1. 上下料机器人

数控机床上下料机器人采用工业机器人替代操作工,自动完成加工中心、数控车床、冲压、锻压等机床在加工过程中工件的取件、传送、装卸,包括工件翻转、工序转换等一系列上下料工作任务,实现加工单、生产线、生产车间的少人或无人化,从而降低生产成本,提高工效和产品质量,提升企业的经济效益。

2. 上下料机器人特点

数控机床上下料机器人与数控机床(CNC)进行组合,可以实现所有工艺过程中的工件自动抓取、上料、下料、装卡、工件移位翻转、工件转序加工等处理,能够极大地节约人工成本,提高企业生产效率。不依靠机床的控制器进行控制,机械手采用独立的控制模块,不影响机床运转。刚性好,运行平稳,维护非常方便。特别是适用于大批量、小型零部件的加工,如轴承座、电动机端盖、增加涡轮、换向器、刹车盘、汽车变速箱齿轮、金属冲压结构件等的加工。

图 7-1-1　库卡 KR90 R2700 PRO 机器人

7.1.2　认识上下料工业机器人

1. 库卡 KR90 R2700 PRO 上下料机器人

库卡 KR90 R2700 PRO 机器人如图 7-1-1 所示,简洁、稳定,能轻巧完成最高的动作密度;干涉剖面更小,机械手更精细,具备控制未来挑战的各种前提条件,并能以优越的单元简化设计理念,轻松应对高负载能力的应用领域。即使在载重达 90kg、作用半径达到 2700mm 的工况下,也能保持最佳的技术性能。其主要参数如表 7-1-1 所示。

表 7-1-1　库卡 KR90 R2700 PRO 机器人主要参数

型　　号	库卡 KR90 R2700 PRO	型　　号	库卡 KR90 R2700 PRO
负荷/kg	90	质量/kg	1058
附加负荷/kg	50	安装位置	地面
最大作用范围/mm	2700	控制系统	KRC4
轴数	6	防护等级	IP65
重复精确度/mm	±0.06		

2. 上下料系统类型

对于特别复杂的零件,往往需要多个工序的加工,甚至还要增加一些检测、清洗、试漏、压装和去毛刺等辅助工序,还有可能和锻造、齿轮加工、旋压、热处理和磨削等工序的设备连接起来,这就需要组成一个能完成复杂零件全部加工内容的自动化生产线。

因为自动化生产线会有不同种类的设备,所以通过桁架式的机械手、关节机器人和自动物流等自动化方式组合起来,从而实现从毛坯进去一直到成品工件出来的全自动化加工。

图 7-1-2 桁架式机械手工作示意图

1）桁架式机械手

对于一些结构简单的零部件加工,通常的加工都不超过两个工序就可以全部完成的自动化加工单元,这个单元就采用一个桁架式的机械手配合几台机床和一个到两个料仓组成,如图 7-1-2 所示。

桁架式机器人的空间运动是用三个相互垂直的直线运动来实现的。由于直线运动易于实现全闭环的位置控制,所以,桁架式机器人有可能达到很高的位置精度(微米级)。但是,这种桁架式机器人的运动空间相对机器人的结构尺寸来讲,是比较小的。因此,为了实现一定的运动空间,桁架式机器人的结构尺寸要比其他类型机器人的结构尺大得多。桁架式机器人的工作空间为一空间长方体。

桁架式机器人机械手主要由 3 个大部件和 4 个电动机组成。

（1）手部,采用丝杆螺母结构,通过电动机带动实现手爪的张合。

（2）腕部,采用一个步进电动机带动蜗轮蜗杆实现手部回转 90°～180°。

（3）臂部,采用滚珠丝杠,电动机带动丝杆使螺母在横臂上移动来实现手臂平动,带动丝杆螺母使丝杆在直臂上移动实现手臂升降。

2）关节式工业机器人

对于一些由多个工序加工,而且工件的形状比较复杂的情况,可以采用标准关节型机器人配合供料装置组成一个自动化加工单元。一个机器人可以服务于多个加工设备,从而节省自动化的成本。关节机器人有 5～6 轴的自由度,适合几乎任何轨迹或角度的工作,对于客户厂房高度无要求。关节机器人可以安装在地面,也可以安装在机床上方,对于数控机床设备的布局可以自由组合,常用的安装方式有地装式机器人上下料(岛式加工单元)、地装行走轴机器人上下料(机床成直线布置)、天吊行走轴机器人上下料(机床成直线布置)3 种,均可以通过长时间连续无人运转实现制造成本的削减,以通过机器人实现质量的稳定。

（1）地装式机器人上下料

地装式机器人上下料是一种应用最广泛的形式,也称岛式加工单元,该系统以 6 轴机器人为中心岛,机床在其周围做环状布置,进行设备件的工件转送。集高效生产、稳定运行、节约空间等优势于一体,适合于狭窄空间场合的作业,如图 7-1-3 所示。

（2）地装行走轴机器人上下料

如图 7-1-4 所示的地装行走轴机器人上下科系统中,配备了一套地装导轨,导轨的驱动作为机器人的外部轴进行控制,行走导轨上面的上下料机器人运行速

图 7-1-3 地装式机器人上下料

度快,有效负载大,有效地扩大了机器人的动作范围,使得该系统具有高效的扩展性。

（3）天吊行走轴机器人上下料

天吊行走轴机器人上下料系统也称 Top mount 系统，如图 7-1-5 所示，具有普通机器人同样的机械和控制系统，和地装机器人同样拥有实现复杂动作的可能。区别于地装式，其行走轴在机床上方，拥有节约地面空间的优点，且可以轻松适应机床在导轨两侧布置的方案，缩短导轨的长度。和专机相比，工作环境不需要非常高的车间空间，方便行车的安装和运行即可。可以实现单手抓取 2 个工件的功能，节约生产时间。

图 7-1-4　地装行走轴机器人上下料

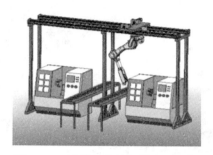

图 7-1-5　天吊行走轴机器人上下料

7.2　认识上下料与自动生产线工作站

7.2.1　上下料与自动生产线工作站简介

上下料与自动生产线工作站简介

1. 上下料工作站的分类

1）机床上下料工作站

（1）数控车床上下料工作站

在车床加工中，使用机器人可以替代人工，实现加工过程中工件搬运、取件、装卸等上下料作业，以及工件翻转和工序转换。如图 7-2-1 所示为数控车床上下料工作站。

（2）加工中心上下料工作站

加工中心使用机器人代替人工进行上下料，大大提高了劳动率，降低了劳动强度，提高了生产质量。如图 7-2-2 所示为加工中心上下料工作站。

2）生产线上下料工作站

（1）流水线上下料工作站

图 7-2-1　数控车床上下料工作站

在流水线上用机器人进行上下料可以缩短搬运时间和等待时间，提高劳动率，降低劳动强度，带动企业素质技术升级，有助于企业扩大市场份额。如图 7-2-3 所示为流水线上下料工作站。

（2）柔性生产线上下料工作站

在柔性生产线中，使用机器人代替人进行上下料，可以节省劳动力，提高生产效率。如图 7-2-4 所示为柔性生产线上下料工作站。

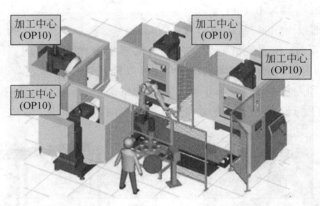

图 7-2-2　加工中心上下料工作站

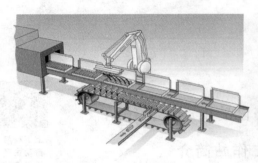

图 7-2-3　流水线上下料工作站

3）专业机械上下料工作站

（1）锻造上下料工作站

上下料机器人可以集防水、抗腐蚀、耐高温于一身。锻造加工中，机器人可以在滚锻、模锻的高温、污染、噪声等恶劣环境中，替代人工完成脱模喷雾、取件、搬运、装卸等危重工作。如图 7-2-5 所示为锻造上下料工作站。

图 7-2-4　柔性生产线上下料工作站　　　　图 7-2-5　锻造上下料工作站

（2）铸造上下料工作站

铸造加工中，上下料机器人可以在压铸、重力铸造、砂芯铸造过程中替代人工，在飞溅物、高温的恶劣环境中完成喷脱模剂、取件、镶件、给汤等危重工作。如图 7-2-6 所示为铸造上下料工作站。

图 7-2-6　铸造上下料工作站

（3）冲压上下料工作站

在冲压加工中,针对冲压加工的高速度、快节奏工艺特点,冲压上下料机器人可以替代人工完成单台压机、串联/并联和冲压生产线上各道工序之间的工件输送危重工作。其中包括拆垛、对中、多向输送、下料和上架等多种任务。如图 7-2-7 所示为冲压上下料工作站。

图 7-2-7　冲压上下料工作站

（4）注塑上下料工作站

在注塑加工中,上下料机器人可以替代人工在比较恶劣的工作环境中,完成装入、取件等任务;可以根据客户不同的车间布局和工艺需要,将上下料机器人安装在地面支座或支架上;可以集成设计为一个注塑单元,也可以放在切割、装配、检测等塑料加工生产线上使用。如图 7-2-8 所示为注塑上下料工作站。

图 7-2-8　注塑上下料工作站

（5）焊接及折弯机上下料工作站

如图 7-2-9 所示为焊接上下料工作站,如图 7-2-10 所示为折弯机上下料工作站。

图 7-2-9　焊接上下料工作站　　　　　　图 7-2-10　折弯机上下料工作站

2. 工业机器人与数控加工的集成

工业机器人与数控加工的集成主要集中在两个方面：一是工业机器人与数控机床集成为工作站；二是工业机器人具有加工能力，即机械加工工业机器人。

1）工业机器人与数控机床集成为工作站

工业机器人与数控机床的集成主要应用在柔性制造单元（FMC）或柔性制造系统（FMS）中，如图 7-2-11 所示，加工中心上的工件由机器人来装卸，加工完毕的工件与毛坯放在传送带上。当然，也有不用传送带的，如图 7-2-12 所示，其他形式如图 7-2-13 所示。

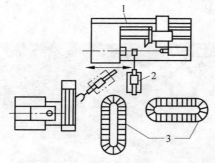
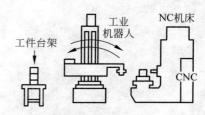

图 7-2-11　带有机器人的 FMC　　　　　图 7-2-12　以铣削为主的带有机器人的 FMC
1—车削中心；2—机器人；3—物料传送装置

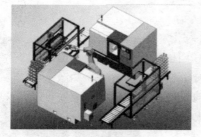
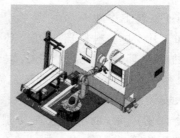

(a) 加工中心与工业机器人组成的FMC　　　(b) 以车削为主的带有机器人的FMC
图 7-2-13　工业机器人与数控机床的集成工作站的其他形式

所用到的工业机器人一般为上下料机器人，其编程较为简单，只要示教编程后再现就可以了。但工业机器人与数控机床各有独立的控制系统，机器人与数控机床、传送带之间都要进行数据通信。

2) 机械加工工业机器人

这类机器人具有加工能力,本身具有加工工具,如刀具等,刀具的运动是由工业机器人的控制系统控制的,主要用于切割(见图7-2-14)、去毛刺(见图7-2-15)、抛光与雕刻等轻型加工,这样的加工比较复杂,一般采用离线编程来完成。这类工业机器人有的已经具有加工中心的某些特性,如刀库等。图7-2-16所示的雕刻工业机器人的刀库如图7-2-17所示,这类工业机器人的机械加工能力是远远低于数控机床的,因为刚度、强度等都没有数控机床好。

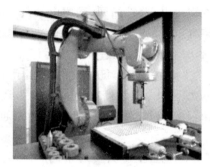

图 7-2-14　激光切割机器人

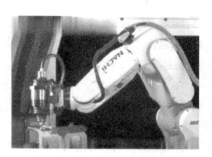

图 7-2-15　去毛刺机器人

图 7-2-16　雕刻机器人

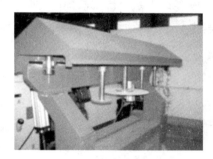

图 7-2-17　雕刻机器人的刀库

7.2.2　上下料与自动生产线工作站的工作任务

工业机器人上下料与自动生产线工作站的任务是数控机床进行工件加工,工件的上下料由工业机器人完成,机器人将加工完成的工件搬运到输送线上,由输送线输送到装配工位;在输送过程中机器视觉在线检测工件的加工尺寸,合格工件在装配工位由工业机器人进行零件的装配,并搬运至成品仓库;不合格工件则不进行装配,由机器人直接放入废品箱中。

(1) 设备上电前,系统处于初始状态,即输送线上无托盘、机器人手爪松开、数控机床卡盘上无工件。

(2) 设备启动前要满足机器人选择远程模式、机器人在作业原点、机器人伺服已接通、无机器人报警错误、无机器人电池报警、机器人无运行、CNC就绪等初始条件。满足条件时候黄灯常亮;否则,黄灯熄灭。

(3) 设备就绪后,按"启停"按钮,系统运行,机器人启动,绿色指示灯亮。

① 将载有待加工工件的托盘放置在输送线的起始位置(托盘位置1)时,托盘检测光电

传感器检测到托盘,启动直流电动机和伺服电动机,上下料输送线同时运行,将托盘向工件上料位置"托盘位置 2"处输送。

② 当托盘达到上料位置(托盘位置 2)时,被阻挡电磁铁挡住,同时托盘检测光电传感器检测到托盘,直流电动机与伺服电动机停止。

③ CNC 安全门打开,机器人将托盘上的工件搬运到 CNC 加工台上。

④ 搬运完成后,CNC 安全门关闭、卡盘夹紧,CNC 进行加工处理。

⑤ CNC 加工完成后,CNC 安全门打开,通知机器人把工件搬运到上料位置的托盘上。

⑥ 搬运完成,上料位置(托盘位置 2)的阻挡电磁铁得电,挡铁缩回,伺服电动机启动,工件上下料输送线 2 和工件上下料输送线 3 运行,将装有工件的托盘向装配工作站输送。

(4) 在运行过程中,再次按"启停"按钮,系统将本次上下料加工过程完成后停止。

(5) 在运行过程中,按"暂停"按钮,机器人暂停,按"复位"按钮,机器人再次运行。

(6) 在运行过程中"急停"按钮一旦动作,系统立即停止。"急停"按钮复位后,还须按"复位"按钮进行复位。按"复位"按钮不能使机器人自动回到工作原点,机器人必须通过示教器手动复位到工作原点。

(7) 若系统存在故障,红色警示灯将常亮。系统故障包含上下料传送带伺服故障、上下料机器人报警错误、上下料机器人电池报警、数控系统报警、数控门开关超时报警、上下料工作站急停等。当系统出现故障时,可按"复位"按钮进行复位。

上下料工作站的工作流程如图 7-2-18 所示。

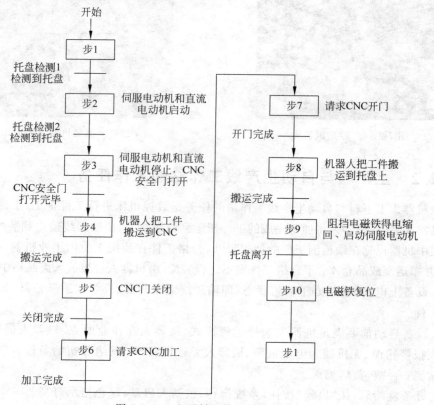

图 7-2-18 上下料工作站的工作流程

7.2.3　上下料与自动生产线工作站的组成

工业机器人自动生产线工作站由机器人上下料工作站、机器人装配工作站组成,两个工作站由工件输送线相连接。整体布置如图7-2-19所示。

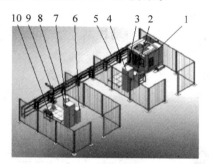

图 7-2-19　工业机器人自动生产线工作站整体布置图

1—数控机床;2—上下料机器人控制柜;3—上下料机器人;4—上下料单元 PLC 控制柜;
5—输送线;6—装配机器人控制柜;7—装配零件供给台;8—装配单元 PLC 控制柜;
9—装配机器人;10—成品立体仓库

1. 工业机器人上下料工作站的组成

工业机器人上下料工作站由上下料机器人、数控机床、PLC 控制柜、输送线等组成。

1)数控机床

数控机床如图7-2-20所示。数控机床的任务是对工件进行加工,而工件的上下料则由工业机器人完成。

2)工业机器人及控制柜

数控机床加工的工件为圆柱体,质量≤1kg,机器人动作范围≤1300mm,故机床上下料机器人选用的是安川 MH6 机器人,机器人如图7-2-21所示。末端执行器采用气动机械式二指单关节手爪夹持工件,控制手爪动作的电磁阀安装在 MH6 机器人本体上。

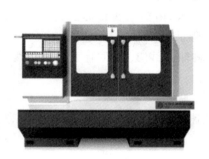

图 7-2-20　数控机床

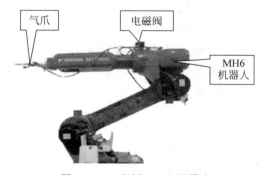

图 7-2-21　安川 MH6 机器人

上下料机器人能满足快速/大批量加工节拍、节省人力成本、提高生产效率等要求,成为越来越多工厂的理想选择。上下料机器人系统具有高效率和高稳定性,结构简单更易于维护,可以满足不同种类产品的生产,对用户来说,可以很快调整产品结构和扩大产能,并且可以大大降低产业工人的劳动强度。

机床上下料机器人特点如下。

（1）可以实现对圆盘类、长轴类、不规则形状、金属板类等工件的自动上料/下料、工件翻转、工件转序等工作。

（2）不依靠机床的控制器进行控制，机械手采用独立的控制模块，不影响机床运转。

（3）刚性好，运行平稳，维护非常方便。

（4）可选：独立料仓设计，料仓独立自动控制。

（5）可选：独立流水线。

机器人控制系统为安川 DX100 以及示教编程器。工业机器人控制柜及示教器如图 7-2-22 所示。

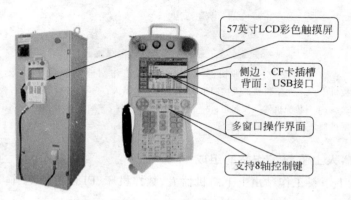

57英寸LCD彩色触摸屏

侧边：CF卡插槽
背面：USB接口

多窗口操作界面

支持8轴控制键

图 7-2-22　DX100 控制柜及示教编程器

3）PLC 控制系统

PLC 控制柜用来安装断路器、PLC、开关电源、中间继电器、变压器等元器件。PLC 为欧姆龙公司 NJ301-1100 控制器，上下料机器人的启动与停止、输送线的运行等均由其控制。PLC 控制柜内部图如图 7-2-23 所示。

4）上下料输送线

上下料输送线的功能是将载有待加工工件的托盘输送到上料工位，机器人将工件搬运至 CNC 机床进行加工，再将加工完成的工件搬运到托盘上，由输送线将加工完成的工件输送到装配工作站进行装配。上下料输送线如图 7-2-24 所示。

上下料输送线由工件上下料输送线 1、工件上下料输送线 2、工件上下料输送线 3 等 3 节输送线组成。

（1）工件上下料输送线 1

工件上下料输送线 1 如图 7-2-25 所示。由直流减速电动机、传动机构、传送滚筒、托盘检测光电传感等组成。

（2）工件上下料输送线 2

工件上下料输送线 2 如图 7-2-26 所示。由伺服电动机、伺服驱动器、传动机构、平皮带、托盘检测光电传感器、阻挡电磁铁等组成。

（3）工件上下料输送线 3

工件上下料输送线 3 如图 7-2-27 所示。由传动机构、平皮带等组成，工件上料输送线 3 与工件上料输送线 2 通过皮带轮连接，由同一台伺服电动机拖动。

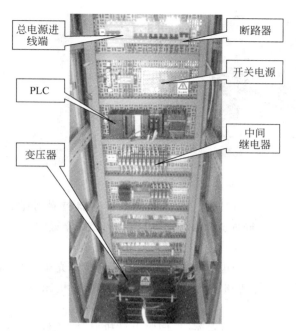

总电源进线端

断路器

开关电源

PLC

中间继电器

变压器

图 7-2-23　PLC 控制柜内部图

图 7-2-24　上下料输送线

托盘检测光电传感器(托盘位置1)

传送滚筒

直流减速电动机

图 7-2-25　工件上下料输送线 1

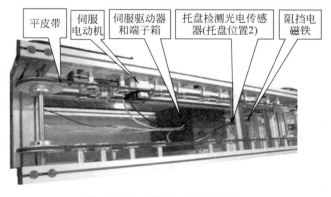

平皮带

伺服电动机

伺服驱动器和端子箱

托盘检测光电传感器(托盘位置2)

阻挡电磁铁

图 7-2-26　工件上下料输送线 2

图 7-2-27 工件上下料输送线 3

（4）上下料输送线工作过程

当空托盘放置在输送线的起始位置（托盘位置 1）时，托盘检测光电传感器检测到托盘，启动直流减速电动机和伺服电动机，3 节输送线同时运行，将托盘向工件上料位置"托盘位置 2"处输送。

当空托盘达到上料位置（托盘位置 2）时，被阻挡电磁铁挡住，同时托盘检测光电传感器检测到托盘，直流电动机与伺服电动机停止。等待机器人将工件搬运至 CNC 机床进行加工，再将加工完成的工件搬运到托盘上。

当机器人将工件搬运到托盘上后，电磁铁得电，挡铁缩回，伺服电动机启动，工件上下料输送线 2 和工件上下料输送线 3 运行，将装有工件的托盘向装配工作站输送。

上下料输送线工作过程流程图如图 7-2-28 所示。

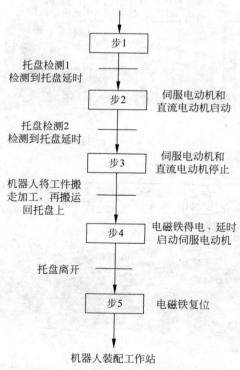

图 7-2-28 上下料输送线工作过程流程图

2. 工业机器人装配工作站的组成

工业机器人装配工作站由装配机器人、PLC 控制柜、装配输送线、机器人视觉系统、成品立体仓库等组成。

1）装配机器人

装配工作站机器人的工作任务是对正品进行零件装配，并存储到仓库单元，把废品直接搬运到废品箱。与上下料工作站机器人系统相同，选用的也是安川 MH6 机器人和 DX100 控制柜；装配机器人所夹取的工件与零件都是圆柱体，所以末端执行器与上下料机器人的末端执行器也相同。

2）PLC 控制柜

PLC 控制柜用来安装断路器、PLC、开关电源、中间继电器、变压器等元器件。其中 PLC 是机器人装配工作站的控制核心。装配机器人的启动与停止、输送线的运行等均由 PLC 实现。

3）装配输送线

装配输送线的功能是将上下料工作站输送过来的工件输送到装配工位，以便机器人进行装配与分拣。装配输送线如图 7-2-29 所示。

图 7-2-29 装配输送线

（1）装配输送线的组成

装配输送线由 3 节输送线拼接而成，分别由 3 台伺服电动机驱动，如图 7-2-30 所示。

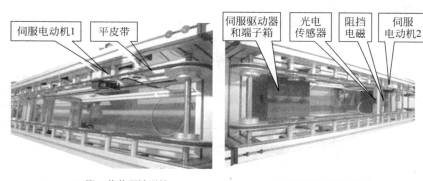

(a) 第一节装配输送线　　　　　　　(b) 第二节装配输送线

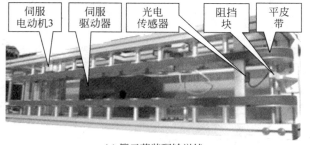

(c) 第三节装配输送线

图 7-2-30 装配输送线

（2）装配输送线工作过程

装配工作站系统启动后,伺服电动机1、2、3启动,三节输送线同时运行,输送装有工件的托盘。在第一节输送线的正上方装有机器视觉系统,托盘上的工件经过视觉检测区域时,进行拍照、分析,判断工件的加工尺寸是否符合要求,并把检测的结果通过通信的方式反馈给 PLC,PLC 再将结果反馈给机器人。

当托盘输送到第二节输送线的工件装配处,被电磁铁阻挡定位,光电传感器检测到托盘,伺服电动机2停止。

若工件是正品,机器人去零件库将零件搬运到托盘处,与工件进行装配。装配完成后,再将装配完成的成品搬运行到成品仓库中。

若工件是废品,机器人直接去托盘处把废品搬运到废品区。

机器人搬运完成后,阻挡电磁铁得电,解除对托盘的阻挡,伺服电动机2启动,托盘离开后电磁铁复位。

当空托盘输送到第三节输送线的末端时,被阻挡块阻挡,同时光电传感器检测到托盘,伺服电动机3停止。取走托盘,伺服电动机3重新启动。

装配输送线的工作过程流程如图 7-2-31 所示。

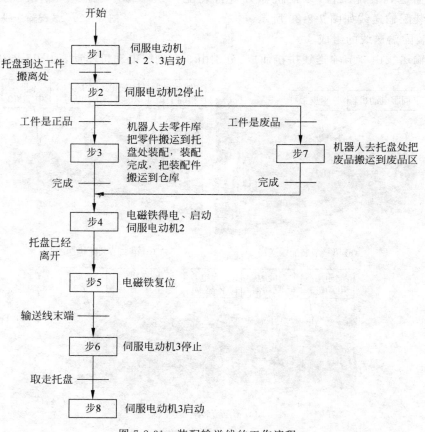

图 7-2-31　装配输送线的工作流程

4）机器视觉系统

机器视觉系统用于工件尺寸的在线检测,机器人根据检测结果,对工件进行处理。

机器视觉系统选用欧姆龙机器视觉,由视觉控制器、彩色相机、镜头、LED光源、光源电源、相机线缆、24V开关电源、液晶显示器等组成,如图7-2-32所示。

机器视觉系统安装在第一节装配输送线旁,镜头正对输送线中央,托盘上的工件经过视觉检测区域时,进行拍照、分析,判断工件的加工尺寸是否符合要求,并把检测的结果通过通信的方式反馈给PLC,PLC再将结果反馈给机器人,由机器人对工件进行处理。

5）成品立体仓库

成品立体仓库用于存放待加工工件,立体仓库分两层四列共8个存储单元,编号分别为1～8,每个存储单元配置一个光电传感器用于检测工件的有无。成品立体仓库如图7-2-33所示。

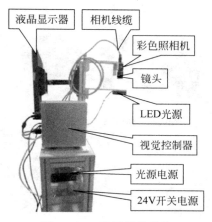

图 7-2-32　机器视觉系统

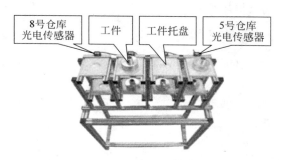

图 7-2-33　成品立体仓库

立体仓库的8个存储单元,编号分别为1～8,其排列顺序如图7-2-34所示。

8	7	6	5
4	3	2	1

图 7-2-34　工件立体仓库的编号

3. 自动生产线工业机器人末端执行器

工业机器人末端执行器采用气动机械式二指单关节手爪,工件及气爪如图7-2-35所示。

1）气爪工作原理

气爪利用压缩空气驱动手爪抓取、松开工件。气爪通常有Y形、180°形、平行式、大口径式、三爪式等类型,如图7-2-36所示。

气爪的工作原理如图7-2-37所示。气缸4中压缩空气推动活塞杆3使转臂2运动,带动爪钳1平行地快速开合。

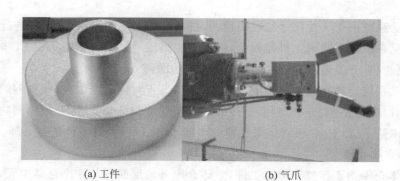

(a) 工件　　　　　　　　　　(b) 气爪

图 7-2-35　工件及气爪

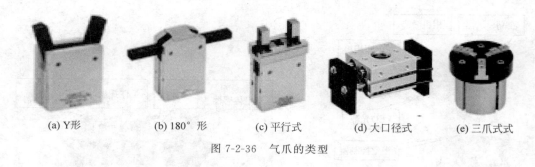

(a) Y形　　　(b) 180°形　　　(c) 平行式　　　(d) 大口径式　　　(e) 三爪式式

图 7-2-36　气爪的类型

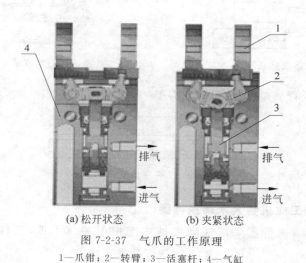

(a) 松开状态　　　　　　(b) 夹紧状态

图 7-2-37　气爪的工作原理

1—爪钳；2—转臂；3—活塞杆；4—气缸

2）气爪的选择

选择气爪时，要根据夹取对象的形状和质量选择确认气爪的开闭行程和把持力。

上下料机器人与装配机器人的末端执行器选用的是气立可 HDS-20-Y 型气动手爪，其技术参数见表 7-2-1。

表 7-2-1　HDS-20-Y 型气动手爪技术参数

动作形式		复动式
缸径/mm		20
开闭角度/(°)		−10～+30
把持力/kgf(N)	开	2.3(23)
	闭	3.5(34)
使用压力范围/(kgf/cm²)(kPa)		1.5～7.0(150～700)

3）气动控制回路

考虑到失电安全,失电后夹紧的工件不会掉落,电磁阀采用双电控。末端执行器气动控制回路如图 7-2-38 所示。

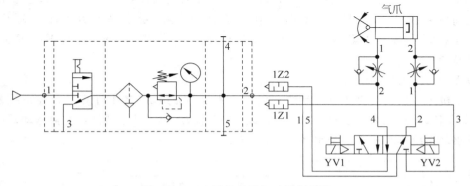

图 7-2-38　末端执行器气动控制回路

气动控制回路工作原理:当 YV1 电磁阀线圈得电时,气爪收缩,夹紧工件;YV2 电磁阀线圈得电时,气爪松开,释放工件;当 YV1、YV2 电磁阀线圈都不得电时,气爪保持原来的状态。电磁阀不能同时得电。

7.2.4　上下料与自动生产线工作站的工作过程

1. 上下料工作站的工作过程

(1)当载有待加工工件的托盘输送到上料位置后,机器人将工件搬运到数控机床的加工台上。

(2)数控机床进行加工。

(3)加工完成,机器人将工件搬运到输送线上料位置的托盘上。

(4)上料输送线将载有已加工工件的托盘向装配工作站输送。

2. 装配工作站的工作过程

(1)当上下料输送线将工件输送到装配输送线上,装配输送线继续将工件向装配工位输送。

(2)当工件经过机器视觉检测区域时,机器视觉对工件进行拍照检查,并把检测的结果通过通信的方式反馈给 PLC,PLC 再将结果反馈给机器人。

(3)当工件输送到工件装配处,进行定位。若工件是正品,机器人去零件库将零件搬运到托盘处,与工件进行装配。装配完成后,再将装配完成的成品搬运行到成品仓库中。若工件是废品,机器人直接去托盘处把废品搬运到废品箱。

(4) 机器人搬运完成后,空托盘被输送到输送线的末端。

7.3 上下料与自动生产线工作站的设计

7.3.1 上下料工作站硬件系统

1. 数控机床接口电路的设计

数控机床是由机械设备与数控系统组成的用于加工复杂形状工件的高效率自动化机床,简称 CNC。

上下料机器人在数控机床上下料环节取代人工完成工件的自动装卸,主要在大批量、重复性强或是工件质量较大以及工作环境处于高温、粉尘等恶劣条件情况下使用。具有定位精确、生产质量稳定、减少机床及刀具损耗、工作节拍可调、运行平稳可靠、维修方便等特点。

1) 数控机床的组成

数控机床一般由计算机数控系统和机床本体两部分组成,其中计算机数控系统是由输入/输出设备、计算机数控装置(CNC 装置或 CNC 单元)、可编程控制器、主轴驱动系统和进给伺服驱动系统等组成的一个整体系统,如图 7-3-1 所示。

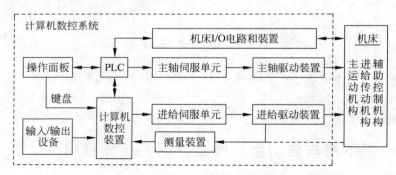

图 7-3-1　数控机床的组成

(1) 输入/输出设备

数控机床在进行加工前,必须接收由操作人员输入的零件加工程序,然后才能根据输入的零件程序进行加工控制,从而加工出所需的零件。此外,数控机床中常用的零件程序有时也需要在系统外备份或保存。因此数控机床中必须具备必要的交互装置,即输入/输出装置来完成零件程序的输入/输出过程。

目前数控机床常采用通信的方式有:串行通信(RS-232、RS-422、RS-485 等);自动控制专用接口和规范,如 DNC(direct numerical control)方式,MAP(manufac-turing automation protocol)协议等;网络通信(internet、intranet、LAN 等)及无线通信(无线接收装置(无线 AP)、智能终端)等。

(2) 计算机数控装置(CNC 装置或 CNC 单元)

计算机数控装置是计算机数控系统的核心,如图 7-3-2 所示。其主要作用是:根据输入的零件程序和操作指令进行相应的处理(如运动轨迹处理、机床输入/输出处理等),然后输出控制命令到相应的执行部件(伺服单元、驱动装置和PLC等),控制其动作,加工出需要的零件。所有这些工作由CNC装置内的系统程序(也称控制程序)进行合理的组织,在CNC装置硬件的协调配合下,有条不紊地进行。

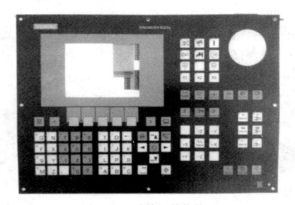

图7-3-2　计算机数控装置

(3)可编程控制器

可编程控制器(PLC)是一种以微处理器为基础的通用型自动控制装置,如图7-3-3所示,专为在工业环境下应用而设计的。PLC主要作用是接收数控装置输出的主运动变速、刀具选择交换、辅助装置动作等指令信号,经过编译、逻辑判断、功率放大后直接驱动相应的电器、液压、气动和机械部件,以完成指令所规定的动作,此外还有行程开关和监控检测等开关信号也要经过PLC送到数控装置进行处理。

(4)伺服机构

伺服机构是数控机床的执行机构,由驱动(见图7-3-4)和执行两大部分组成。它接收数控装置的指令信息,并按指令信息的要求控制执行部件的进给速度、方向和位移。目前数控机床的伺服机构中,常用的位移执行机构有功率步进电动机、直流伺服电动机、交流伺服电动机和直线电动机。

图7-3-3　可编程控制器(PLC)

(a)伺服电动机　　(b)驱动装置

图7-3-4　伺服驱动

（5）检测装置

检测装置（也称反馈装置）对数控机床运动部件的位置及速度进行检测，通常安装在机床的工作台、丝杠或驱动电动机转轴上，相当于普通机床的刻度盘和人的眼睛，它把机床工作台的实际位移或速度转变成电信号反馈给 CNC 装置或伺服驱动系统，与指令信号进行比较，以实现位置或速度的闭环控制。

数控机床上常用的检测装置有光栅、编码器（光电式或接触式）、感应同步器、旋转变压器、磁栅、磁尺、双频激光干涉仪等，如图 7-3-5 所示。

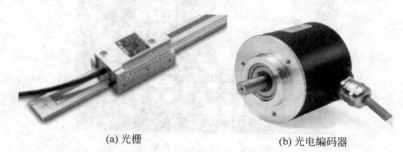

| (a) 光栅 | (b) 光电编码器 |

图 7-3-5   检测装置

（6）数控机床的机械部件

机械部件包括主运动部件、进给运动执行部件如工作台、拖板及其传动部件和床身立柱等支承部件，此外，还有冷却、润滑、排屑、转位和夹紧等辅助装置。对于加工中心类的数控机床，还有存放刀具的刀库、交换刀具的机械手等部件。

2）数控机床的 PLC

（1）数控机床 PLC 的类型

数控机床 PLC 分为两类：一类是内装型，另一类是独立型。

① 内装型 PLC。内装型 PLC 也称集成型 PLC，如图 7-3-6 所示。内装型 PLC 从属于 CNC 装置，PLC 与 CNC 装置之间的信号传送在 CNC 装置内部即可实现。PLC 与数控机床之间则通过 CNC 输入/输出接口电路实现信号传送。

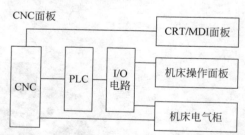

图 7-3-6   具有内装型 PLC 的 CNC 机床系统框图

内装型 PLC 具有以下特点。

a. 内装型 PLC 实际上是 CNC 装置带有的 PLC 功能。一般作为 CNC 装置的基本功能提供给用户。

b. 内装型 PLC 系统的硬件和软件整体结构十分紧凑，且 PLC 所具有的功能针对性强，技术指标合理、实用，尤其适用于单机数控设备的应用场合。

c. 在数控系统的具体结构上,内装型 PLC 可与 CNC 共用 CPU,也可以单独使用一个 CPU;硬件控制电路可与 CNC 装置的其他电路制作在同一块印制电路板上,也可以单独制成一块附加电路板;内装型 PLC 一般不单独配置输入/输出接口,而是使用 CNC 系统本身的输入/输出电路;PLC 所用电源由 CNC 装置提供,不需另备电源。

d. 采用内装型 PLC 结构。CNC 系统可以具有某些高级控制功能,如梯形图编辑和传送功能、在 CNC 内部直接处理大量信息。

② 独立型 PLC。独立型 PLC 又称外装型或通用型 PLC,如图 7-3-7 所示。对数控机床而言,独立型 PLC 独立于 CNC 装置,具有完备的硬件结构和软件功能,能够独立完成规定的控制任务。

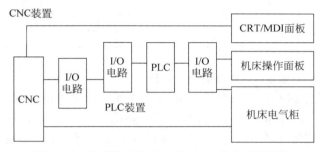

图 7-3-7　具有独立型 PLC 的 CNC 机床系统框图

独立型 PLC 具有以下特点。

a. 独立型 PLC 的基本功能结构与通用型 PLC 完全相同。

b. 数控机床应用的独立型 PLC 一般采用中型或大型 PLC,I/O 点数一般在 200 点以上,所以多采用积木式模块化结构,具有安装方便、功能易于扩展和变换等优点。

c. 独立型 PLC 的输入/输出点数可以通过输入/输出模块的增减配置。有的独立型 PLC 还可以通过多个远程终端连接器构成有大量输入/输出点数的网络,以实现大范围的集中控制。

(2) PLC 在数控机床中的配置方式。

① PLC 在机床侧,PLC 有 $m+n$ 个输入或输出口,如图 7-3-8 所示。

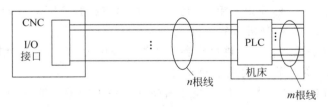

图 7-3-8　PLC 在机床侧

② PLC 在电气控制柜中有 m 个输入或输出口,如图 7-3-9 所示。

③ PLC 在电气控制柜中,而输入/输出接口在机床侧,这种配置方式使 CNC 与机床接口的电缆大为减少,如图 7-3-10 所示。

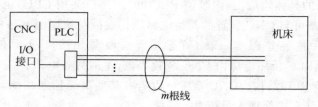

图 7-3-9　PLC 在电气控制柜中有 m 个输入或输出口

图 7-3-10　PLC 在电气控制柜中

（3）CNC 装置和机床输入/输出信号的处理

CNC 到机床侧的 PLC 信号,经 PLC 处理后通过接口送至机床侧。其信号有 S、T、M 等功能代码。机床到 CNC 侧的 PLC 信号从机床侧输入的开关量经 PLC 逻辑处理传送到 CNC 装置中。机床侧传递给 PLC 的信息主要是机床操作面板上包括机床的启动、停止,轴 的正、反转和停止,切削液的开、关,各坐标轴的点动,换刀及行程限位等开关信号。数控系 统中 PLC 信息交换是指以 PLC 为中心,在 PLC、CNC 和机床三者之间的信息交换,X 信号 为机床到 PLC 的信号,Y 为 PLC 到机床的信号,G 为 PLC 到 CNC 的信号,F 为 CNC 到 PLC 的信号,信息交换如图 7-3-11 所示。

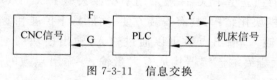

图 7-3-11　信息交换

（4）PLC 在数控机床中的控制功能。

① 操作面板的控制。操作面板分为系统操作面板和机床操作面板。系统操作面板的 控制信号先是进入 CNC,然后由 CNC 送到 PLC,从而控制数控机床的运行。机床操作面板 控制信号直接进入 PLC,控制机床的运行。

② 机床外部开关输入信号。将机床侧的开关信号输入 PLC,进行逻辑运算。这些开关 信号包括行程开关、接近开关、模式选择开关等。

③ 输出信号控制。PLC 输出信号经外围控制电路中的继电器、接触器、电磁阀等输出 给控制对象。

④ 功能实现。数控系统送出指令给 PLC,经过译码,PLC 执行相应的功能,完成后,向 数控系统发出完成信号。

3）CNC 与机器人上下料工作站的通信

机器人上下料时,需要与 CNC 进行信息交换、互相配合,才能有条不紊地工作。

（1）机器人上下料的工作流程

机器人上下料的工作流程如图 7-3-12 所示。

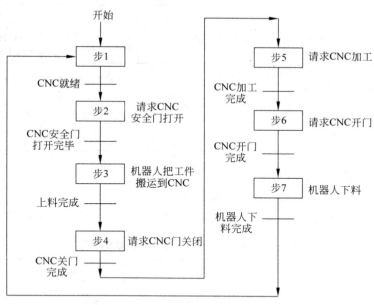

图 7-3-12 机器人上下料的工作流程

（2）CNC 与上下料工作站的信号传递路径

CNC 与机器人上下料工作站 PLC 之间信号的传递路径如图 7-3-13 所示。CNC PLC 与上下料工作站 PLC 之间进行信息交换，机器人控制系统与上下料工作站 PLC 之间进行信息交换。

图 7-3-13 CNC 与机器人上下料工作站 PLC 之间信号的传递路径

（3）CNC 与上下料工作站的接口信号

CNC 与机器人上下料工作站的接口信号见表 7-3-1。上下料工作站 PLC 向 CNC PLC 发出指令，如"请求 CNC 开门""请求 CNC 关门"等，指令的执行由 CNC PLC 完成。

表 7-3-1 CNC 与机器人上下料工作站的接口信号

CNC PLC 输出信号→上下料工作站 PLC 输入信号			CNC PLC 输入信号←上下料工作站 PLC 输出信号		
序号	名 称	功 能	序号	名 称	功 能
1	CNC 就绪	CNC 准备工作就绪，等待上料，加工 CNC 准备工作就绪，等待上料，加工	1	CNC 急停	系统故障时，急停 CNC

序号	CNC PLC 输出信号→上下料工作站 PLC 输入信号 名称	功能	序号	CNC PLC 输入信号←上下料工作站 PLC 输出信号 名称	功能
2	CNC 报警	CNC 出现故障报警,停止工作	2	CNC 复位	CNC 故障报警后,复位 CNC
3	CNC 门开到位	CNC 安全门打开到位,等待上下料	3	CNC 门打开	请求 CNC 开门
4	CNC 门关到位	CNC 安全门关闭到位,开始加工	4	CNC 门关闭	请求 CNC 关门
5	CNC 加工完成	CNC 加工完成信号	5	CNC 加工开始	请求 CNC 开始加工

4) CNC 与机器人上下料工作站的接口电路

(1) CNC 与机器人上下料工作站的接口分配

机器人上下料工作站 PLC 的配置见表 7-3-2。

表 7-3-2 机器人上下料工作站 PLC 的配置

名　称	型　号
CPU	NJ301-1100
数字量输入模块	CJ1W-ID231
输出模块	CJ1W-OD231

CNC 与机器人上下料工作站的接口分配见表 7-3-3。

表 7-3-3 CNC 与机器人上下料工作站的接口分配

序号	CNC PLC 地址		NJ PLC 地址		信号名称(变量名)
1		A2		CH2-IN02	CNC 就绪
2		A3		CH2-IN03	CNC 报警
3	输出	A4	输入	CH2-IN04	CNC 门开到位
4		B1		CH2-IN05	CNC 门关到位
5		B2		CH2-IN06	CNC 加工完成
6		C1		CH2-OUT01	CNC 急停
7		C2		CH2-OUT02	CNC 复位
8	输入	C3	输出	CH2-OUT03	CNC 门打开
9		C4		CH2-OUT04	CNC 门关闭
10		D1		CH2-OUT05	CNC 加工开始

(2) CNC 与机器人上下料工作站的接口电路

① CNC 输出与 NJ 输入接线图。CNC PLC 的输出接口为源型输出,而 NJ PLC 的输入接口必须接为漏型,所以 CNC PLC 的输出信号通过中间继电器进行过渡。CNC 输出与 NJ 输入接线图如图 7-3-14 所示。

② CNC 输入与 NJ 输出接线图。CNC 输入与 NJ 输出接线图如图 7-3-15 所示。

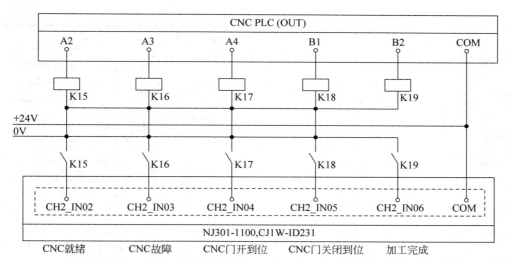

图 7-3-14　CNC 输出与 NJ 输入接线图

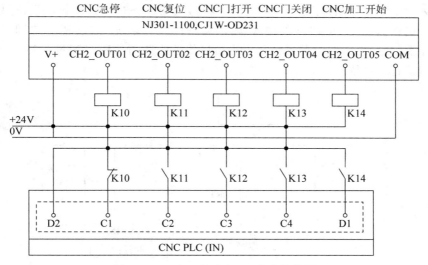

图 7-3-15　CNC 输入与 NJ 输出接线图

2. 系统配置

工作站系统配置见表 7-3-4。

表 7-3-4　工作站系统配置

名　　称	型　　号	数量	说　　明
6 关节机器人本体	MOTOMAN HM6	1	上下料机器人与控制系统
机器人控制器	DX100	1	
PLC CPU 模块	NJ301-1100	1	上下料工作站系统控制用 PLC
数字量 32 点输入单元	CJ1W-ID231	1	PLC 扩展单元
数字量 32 点输出单元	CJ1W-OD231	1	

续表

名　　称	型　　号	数量	说　　明
伺服驱动器	R88D-KN08H-ECT-Z	1	输送线 2、3 的驱动系统
伺服电动机	R8SM K75030H-S2-Z	1	
直流电动机	DC 24V,75W	1	输送线 1 驱动电机
光电传感器	E3Z-LS637,DC 24V	2	输送线托盘检测
电磁铁	TAU-0837,DC 24V	1	阻挡输送线上托盘
电磁阀	4V120-M5,DC 24V	2	机器人手爪夹紧、松开控制
磁性开关	CS-15T	1	机器人手爪夹紧检测
"启停"按钮	LA42P-10/G	1	工作站启动与停止
"复位"按钮	LA42P-10/Y	1	故障复位
"暂停"按钮	LA42P-10/R	1	机器人暂停
"急停"按钮	LA42J-11/R	1	系统急停
警示灯	XVGB3T,DC24V	1	红、黄、绿灯各一只

3. 系统框图

机器人上下料工作站以 NJ PLC 为控制核心,现场设备"启动"按钮、"复位"按钮、传感器、继电器、电磁阀等为 NJ PLC 的输入/输出设备;CNC 系统与 NJ PLC 之间通过接点传送信息;机器人与 NJ PLC 之间通过机器人接口传送信息;NJ PLC 通过 EtherCAT 总线控制伺服系统运行。系统框图如图 7-3-16 所示。

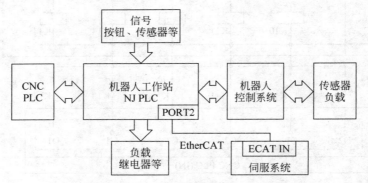

图 7-3-16　机器人上下料工作站系统框图

4. 接口配置

1) 机器人与 NJ PLC 接口配置

机器人控制器 DX100 与 NJ PLC 的 I/O 接口配置见表 7-3-5。

CN308 是机器人的专用 I/O 接口,每个接口的功能是固定的,如 CN308 的 B1 输入接口,其功能为"机器人程序启动",当 B1 口为高电平时,机器人启动运行,开始执行机器人程序。

CN306 是机器人的通用 I/O 接口,每个接口的功能由用户定义,如将 CN306 的 B1 输入接口(IN9)定义为"机器人搬运开始",当 B1 口为高电平时,机器人开始搬运工件(具体参见机器人程序)。

表 7-3-5　机器人控制器 DX100 与 NJ PLC 的 I/O 接口配置

机器人 DX100				NJ PLC 地址
插　　头		信号地址	定义的内容	
CN308	IN	B1	机器人程序启动	CH1-OUT00
		A2	机器人清除报警和故障	CH1-OUT01
	OUT	B8	机器人运行中	CH2-IN08
		A8	机器人伺服已接通	CH2-IN09
		A9	机器人报警错误	CH2-IN10
CN308	OUT	B10	机器人电池报警	CH2-IN11
		A10	机器人选择远程模式	CH2-IN12
		B13	机器人在作业原点	CH2-IN13
CN306	IN	B1 IN#（9）	机器人搬运开始	CH1-OUT02
	OUT	B8 OUT#（9）	机器人搬运完成	CH2-IN14

CN307 也是机器人的通用 I/O 接口，每个接口的功能由用户定义，如将 CN307 的 B8、A8 输出接口（OUT17）定义为机器人手爪夹紧功能，当机器人程序使 OUT17 输出为 1 时，YV1 得电，吸紧工件。CN307 的接口功能配置见表 7-3-6。

表 7-3-6　CN307 的接口功能配置

插头	信 号 地 址	定义的内容	外 接 设 备
CN307	B1（IN17）	机器人手爪夹紧检测	手爪夹紧检测性开关
	B8（OUT17－）A8（OUT17＋）	机器人手爪夹紧	夹紧电磁阀 YV1
	B9（OUT18－）A9（OUT18＋）	机器人手爪松开	松开电磁阀 YV2

MXT 是机器人的专用输入接口，每个接口的功能是固定的。如 EXSVON 为"机器人外部伺服 ON"功能，当 29、30 间接通时，机器人伺服电源接通。上下料工作站所使用的 MXT 接口配置见表 7-3-7。

表 7-3-7　MXT 接口配置

插头	信 号 地 址	定义的内容	外部继电器
MXT	EXESP1＋（19）	机器人双回路急停	K5
	EXESP1－（20）		
	EXESP2＋（21）		
	EXESP2－（22）		
	EXSVON＋（29）	机器人外部伺服 ON	K1
	EXSYON－（30）		
	EXHOLD＋（31）	机器人外部暂停	K4
	EXHOLD－（32）		

2）CNC 与 NJ PLC 接口配置

CNC 与 NJ PLC 的 I/O 接口配置见表 7-3-8。

3）NJ PLC I/O 地址分配及变量定义

NJ PLC I/O 地址分配及变量定义见表 7-3-9。

表 7-3-8　CNC 与 NJ PLC 的 I/O 接口配置

序号	CNC PLC 地址		NJ PLC 地址		信号名称（变量名）
1		A2		CH2-IN02	CNC 就绪
2		A3		CH2-IN03	CNC 报警
3	OUT	A4	IN	CH2-IN04	CNC 门开到位
4		B1		CH2-IN05	CNC 门关到位
5		B2		CH2-IN06	CNC 加工完成
6		C1		CH2-OUT01	CNC 急停
7		C2		CH2-OUT02	CNC 复位
8	IN	C3	OUT	CH2-OUT03	CNC 门打开
9		C4		CH2-OUT04	CNC 门关闭
10		D1		CH2-OUT05	CNC 加工开始

表 7-3-9　NJ PLC I/O 地址分配及变量定义

	输 入 信 号			输 出 信 号	
序号	PLC 输入地址	变 量 名	序号	PLC 输出地址	变 量 名
1	CH1-IN01	"启停"按钮	1	CH1-OUT00	机器人程序启动
2	CH1-IN02	"复位"按钮	2	CH1-OUT01	机器人清除报警和故障
3	CH1-IN03	"急停"按钮	3	CH1-OUT02	机器人搬运开始
4	CH1-IN04	"暂停"按钮	4	CH1-OUT03	机器人伺服使能
5	CH1-IN05	托盘检测 1	5	CH1-OUT04	警示灯红
6	CH1-IN06	托盘检测 2	6	CH1-OUT05	警示灯黄
7	CH2-IN02	CNC 就绪	7	CH1-OUT06	警示灯绿
8	CH2-IN03	CNC 报警	8	CH1-OUT07	直流电动机启停
9	CH2-IN04	CNC 门开到位	9	CH1-OUT08	电磁铁
10	CH2-IN05	CNC 门关闭到位	10	CH1-OUT10	机器人暂停
11	CH2-IN06	CNC 加工完成	11	CH1-OUT11	机器人急停
12	CH2-IN08	机器人运转中	12	CH2-OUT01	CNC 急停
13	CH2-IN09	机器人伺服已接通	13	CH2-OUT02	CNC 复位
14	CH2-IN10	机器人报警错误	14	CH2-OUT03	CNC 门打开
15	CH2-IN11	机器人电池报警	15	CH2-OUT04	CNC 门关闭
16	CH2-IN12	机器人选择远程模式	16	CH2-OUT05	CNC 加工开始
17	CH2-IN13	机器人在作业原点			
18	CH2-IN14	机器人搬运完成			

5. 硬件电路

（1）PLC 开关量信号输入电路如图 7-3-17 所示。由于传感器为 NPN 电极开路型，且机器人的输出接口为漏型输出，故 PLC 的输入采用漏型接法，即 CON 端接＋24V。PLC 输入信号包括控制按钮、托盘检测用传感器等。

（2）PLC 开关量信号输出电路如图 7-3-18 所示。由于机器人的输入接口为漏型输入，PLC 的输出采用漏型接法。PLC 输出包括电磁铁、机器人暂停等。

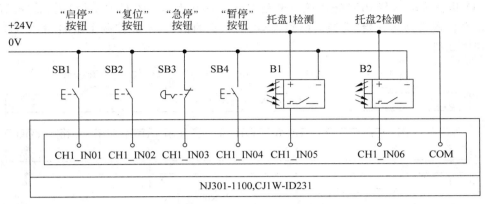

图 7-3-17 PLC 开关量信号输入电路

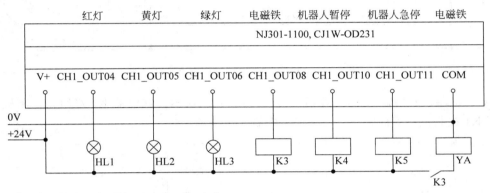

图 7-3-18 PLC 开关量信号输出电路

（3）机器人输出与 PLC 输入接口电路如图 7-3-19 所示。CN303 为机器人外接电源接口，其 1、2 端接外部 DC 24V 电源。PLC 输入信号包括"机器人运行中""机器人搬运完成"等机器人反馈信号。

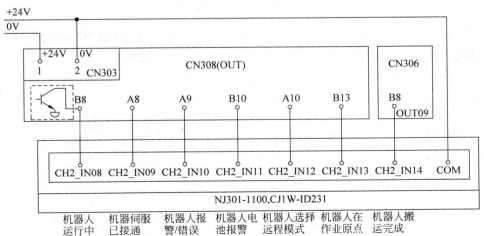

图 7-3-19 机器人输出与 PLC 输入接口电路

（4）机器人输入与 PLC 输出接口电路如图 7-3-20 所示。PLC 输出信号包括"机器人程序启动""机器人搬运开始"等控制机器人运行、停止的信号。K2 控制上下料输送线 1 的拖动直流电动机。

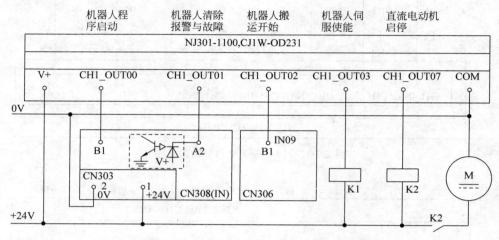

图 7-3-20　机器人输入与 PLC 输出接口电路

（5）机器人专用输入接口 MXT 电路如图 7-3-21 所示。继电器 K5 双回路控制机器人急停、K1 控制机器人伺服使能、K4 控制机器人暂停。

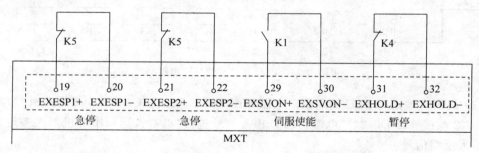

图 7-3-21　机器人专用输入接口 MXT 电路

（6）机器人输出控制手爪电路如图 7-3-22 所示。机器人通过 CN307 接口的 A8、A9 控制电磁阀 YV1、YV2，抓取或释放工件。SQ 为检测手爪夹紧磁性开关。

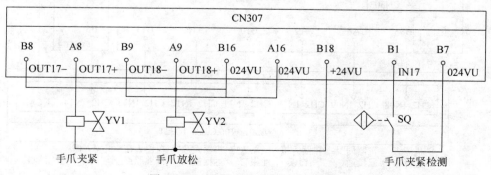

图 7-3-22　机器人输出控制手爪电路

（7）伺服系统电路图如图 7-3-23 所示。

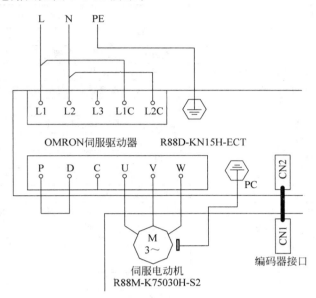

图 7-3-23　伺服系统电路图

7.3.2　上下料工作站软件系统

1. 上下料工作站 PLC 程序

只有在所有的初始条件都满足时,"就绪标志"得电。按下"启停"按钮,"运行标志"得电,机器人伺服电源接通;如果使能成功,机器人程序启动,机器人开始运行程序。

如果在运行过程中按"暂停"按钮,机器人暂停。此时机器人的伺服电源仍然接通,机器人只是停止执行程序。按"复位"按钮,机器人暂停信号解除,机器人程序再次启动,继续执行程序。

在"运行标志"得电时,工作站进入"顺序控制",按照系统要求,进行 CNC 上下料。如果在运行过程中按"启停"按钮,"停止记忆"得电,工作站将当前的上下料"顺序控制"执行完成后,停止运行,"运行标志"复位。当"急停"发生时,机器人、CNC 急停,工作站停止。急停后,只有使系统恢复到初始状态,系统才可重新启动。

2. 上下料工作站机器人程序

1）主程序

上下料工作站机器人主程序见表 7-3-10。

表 7-3-10　主程序

序号	程　　　序	注　　　释
1	NOP	
2	MOVJ VJ=20.00	机器人作业原点,关键示教点
3	DOUT 0T♯(9)0FF	清除"机器人搬运完成"信号;初始化

序号	程　序	注　释
4	* LABEL1	程序标号
5	WAIT IN#(9)=0N	等待 PLC 发出"机器人搬运开始"命令,进行上料
6	JUXP * LABEL2 IFIN#(17)=0FF	判断手爪是否张开
7	CALL J0B: HANDOPEN	若手爪处于夹紧状态,则调用手爪释放子程序
8	* LABEL2	程序标号
9	MOVJ VJ=20.00	机器人作业原点,关键示教点
10	WAIT IN#(17)=0FF	等待手爪张开
11	MOVJ VJ-25.00 PL-3	中间移动点
12	MOVJ VJ=25.00 PL=3	中间移动点
13	MOVJ VJ=25.00	中间移动点
14	MOV V=83.3	到达托盘上方夹取工件的位置,关键示教点
15	CALL JOB: HANDCLOSE	手爪夹紧,夹取工件
16	WAIT INF(17)=0N	等待手爪夹紧
17	MOVL V=83.3 PL=1	提升工件
18	MOVJ VJ=25.00 PL=3	中间移动点
19	MOVJ VJ=25.00 PL=3	中间移动点
20	MOVJ VJ=25.00	中间移动点
21	MOVL V=83.3	到达数控机床卡盘上方释放工件的位置,关键示教点
22	CALL JOB: HANDOPEN	手爪张开,释放工件
23	WAIT IN#(17)=0FF	等待手爪释放
24	MOVJ VJ=25.00	退出 CNC,回到等待位置
25	PULSE 0T#(9)T=1.00	向 PLC 发出 1s"机器人搬运完成"信号,上料完成
26	WAIT IN#(9)=ON	等待 PLC 发出"机器人搬运开始"命令,进行下料
27	MOVJ VJ=25.00PL=1	中间移动点
28	MOVJ VJ=25.00 PL=1	中间移动点
29	MOVL V=166.7	到达数控机床卡盘上方夹取工件的位置,关键示教点
30	CALL JOB: HANDCLOSE	手爪夹紧,夹取工件
31	WAIT IN#(17)=ON	等待手爪夹紧
32	MOVL V=83.3 PL=1	提升工件
33	MOVJ VJ=25.00 PL=1	中间移动点
34	MOVJ VJ- 25.00 PL=1	中间移动点
35	MOVJ VJ=25.00	中间移动点
36	MOVL V=83.3	到达托盘上方释放工件位置,关键示教点
37	CALL J0B: HANDOPEN	手爪张开,释放工件
38	WAIT IN#(17)=0FF	等待手爪释放
39	MOVL V=166.7 PL=1	中间移动点
40	MOVL V=416.7 PL=2	中间移动点
41	PULSE 0T#(9)T=1.00	向 PLC 发出 1s"机器人搬运完成"信号,下料完成
42	MOVJ VJ=25.00 PL=3	中间移动点
43	MOVJ VJ=25.00	返回工作原点
44	JUMP * LABEL1	跳转到开始的位置
45	END	

2) 工件夹紧子程序

工件夹紧子程序 HANDCLOSE 见表 7-3-11。

表 7-3-11　工件夹紧子程序

序号	程　序	注　释
1	NOP	
2	TIMER T＝0.50	延时 0.5s
3	DOUT OI＃(18)0FF	机器人手爪松开
4	PULSE 0T＃(17)T＝1.00	机器人手爪夹紧
5	WAIT IN＃(17)＝ON	等待夹紧完成
6	TIMER T＝0.20	延时 0.2s
7	END	

3) 工件释放子程序

工件释放子程序 HANDOPEN 见表 7-3-12。

表 7-3-12　工件释放子程序

序号	程　序	注　释
1	NOP	
2	TIMER T＝0.50	延时 0.5s
3	DOUT OT＃(17)OFF	机器人手爪夹紧
4	PULSE 0T＃(18)T＝1.00	机器人手爪松开
5	WAIT IN＃(17)＝0FF	等待松开完成
6	TIMER T＝0.20	延时 0.2s
7	END	

7.4　参数配置

不同的工业机器人,其信号配置有所不同,现以 ABB 机器人信号配置为例来介绍。

ABB 工业机器人与铣床、外部设备通信交互信号的为 ABB 的 DSQC652 板,它主要提供 16 个数字输入信号和 16 个数字输出信号的处理,其中用于外部连接的信号分配为标准板 X1 和 X3,其信号定义如表 7-4-1 和表 7-4-2 所示。

表 7-4-1　DSQC652 标准板 X1 信号定义

X1 端子号	信号类型	地址	信号名称	信号定义
1	OUTPUT CH1	0	DO0	机器人夹具信号
2	OUTPUT CH3	1	DO1	送料信号
3	OUTPUT CH4	2	DO2	铣床自动门开关
4	OUTPUT CH5	3	DO3	加工卡盘夹紧
5	OUTPUT CH7	4	DO4	开始加工
6	OUTPUT CH8	5	DO5	加工完成送料

表 7-4-2　DSQC652 标准板 X3 信号定义

X3 端子号	信 号 类 型	地址	信 号 名 称	信 号 定 义
1	INPUT CH1	0	DI0	夹具开到位
2	INPUT CH2	1	DI1	夹具关到位
3	INPUT CH3	2	DI2	送料到位
4	INPUT CH4	3	DI3	铣床自动门开
5	INPUT CH5	4	DI4	铣床自动门关
6	INPUT CH6	5	DI5	卡盘夹紧
7	INPUT CH7	6	DI6	卡盘松开
8	INPUT CH8	7	DI7	加工完成反馈

　　DSQC652 板使用 X1 数字输出接口与 X3 数字输入接口引脚，DO1 作为启动供料倍数链信号，DO5 为加工完成倍数链入库信号，DO0 外接气动电磁阀的线圈来控制机器人夹具状态，DO2、DO3、DO4 输出信号为与数控铣床交互信号，输入信号为外部控制状态的反馈信号，用于工业机器人与数控铣床自动的送料、取料、放料过程的信号反馈，从而实现自动上下料系统控制。

习　题

一、填空题

　　1. 工业机器人自动生产线工作站由＿＿＿＿工作站、＿＿＿＿工作站组成，两个工作站由工件输送线相连接。

　　2. 工业机器人上下料工作站由＿＿＿＿、＿＿＿＿、PLC 控制柜、输送线等组成。

二、简答题

简述上下料工作站的分类。

参 考 文 献

［1］ 张贺.基于 CAN 总线和 CANopen 协议的运动控制系统设计[D].沈阳：东北大学,2006.

［2］ 彭赛金,张红卫,林燕文.工业机器人工作站系统集成设计[M].北京：机械工业出版社,2019.

［3］ 汪励,陈小艳.工业机器人工作站系统集成[M].北京：机械工业出版社,2018.